LE CIEL

UN JARDIN VU DE LA TERRE

LAURENT LAVEDER • DIDIER JAMET

BELIN

8, rue Férou - 75278 Paris cedex 06

www.editions-belin.com

SOMMAIRE

6 LE CIEL EN MOUVEMENT

62 ATMOSPHÈRE : LA GRANDE ILLUSION

86 LE CIEL DANS UNE GOUTTE D'EAU

ISBN 978-2-7011-4733-8

REMERCIEMENTS

Nous tenons à remercier ceux qui ont partagé leurs connaissances pour faire grandir nos passions, ainsi que ceux qui nous ont accompagnés dans la réalisation de ce livre. Par ordre alphabétique : Florent Bailleul, les Éditions Belin, Jimmy Boukhalfa (Labogravure, Bordeaux), Patrick Bury, Guillaume Cannat, Christophe Diquélou, DxO et leur logiciel DxO Optics (www.pixheaven.net/dxo.php) avec lequel toutes les photos de cet ouvrage ont été prétraitées, Pierre-Paul Feyte, les membres de l'association Loar Gann (Quimper), Alain Maury, Fabrice Mottez, les membres de l'association Novae (Saint-Laurent-du-Var), Christophe Parmentier, Sabine Sannier, Martine Saumande et le club d'astronomie les Pulsars (collège Roustan, Antibes), ainsi que toutes les personnes nous ayant autorisés à reproduire une photo.

AVANT-PROPOS

Cet ouvrage peut être lu de multiples façons. Largement illustré, il invite à porter un regard différent sur le ciel, de jour comme de nuit, tout en fournissant toutes les clés pour comprendre l'origine des phénomènes qui s'y déroulent. Mais ce livre vous apprendra aussi comment observer au mieux ces merveilles et les photographier. Son objet n'est pas de proposer un cours de technique photographique, mais plutôt d'être une source d'inspiration pour composer ses propres créations.

Il n'est en effet pas nécessaire de se rendre en haute altitude ou de se retirer dans un désert inhospitalier pour observer le ciel. Nul besoin non plus d'acquérir un matériel hors de prix pour immortaliser les curiosités célestes. Pour preuve, la majorité des photos reproduites dans ces pages ont été réalisées dans la périphérie d'une grande ville, avec un matériel simple : un boîtier reflex numérique d'entrée de gamme, quelques objectifs amateurs (exceptionnellement une courte lunette astronomique) et un trépied. C'est suffisant car, au-delà du matériel, c'est souvent l'inspiration qui fait la différence, en transfigurant la sobre réalité physique du monde qui nous entoure en un étonnant tableau poétique.

Pour présenter ses trouvailles – qui ne demandent qu'à embellir vos jours comme vos nuits – le photographe a, la plupart du temps, pris le parti de les inscrire dans un contexte terrestre, laissant une large place au paysage. Le but est de pouvoir appréhender la véritable échelle et la luminosité relative des différents phénomènes.

Nous vous souhaitons un bon voyage au fil des cinq parties de cet ouvrage, conçues comme autant d'étapes d'un même itinéraire. En annexes figurent deux lexiques précisant la signification de quelques termes scientifiques ou photographiques récurrents, tandis que les dernières pages rassemblent les paramètres techniques de l'intégralité des images et indiquent le lieu où elles ont été prises. Nous espérons que parvenu au terme de votre lecture, vous ne manquerez plus aucune occasion de regarder le ciel, ce jardin où s'épanouissent tant de phénomènes différents qui, gageons-le, ne cesseront jamais d'étonner et d'émouvoir les Terriens.

LE CIEL EN MOUVEMENT

Le ciel est sans cesse en mouvement : il nous tourne autour, pendant que le Soleil et la Lune dérivent lentement, que la Terre se déplace, que les astres passent les uns devant les autres. Cette pagaille apparente se résume à quelques mouvements combinés et à une géométrie élémentaire qu'une simple observation du ciel peut aider à comprendre.

Une éclipse totale de Soleil est l'incroyable convergence de plusieurs paramètres : inclinaison des orbites de la Terre et de la Lune, positions et tailles relatives de la Lune et du Soleil. Compliqué ? Pas tant que cela en fait.

VISIBLE	FRÉQUENT	QUAND ?	TOUT LE TEMPS
		OÙ ?	PEU IMPORTE

LE CIEL TOURNE

EN FAIT… C'EST LA TERRE QUI TOURNE

DANS LE CIEL, LES ASTRES SE DÉPLACENT EN DÉCRIVANT DES ARCS DE CERCLE. DE CETTE OBSERVATION DÉCOULENT DEUX HYPOTHÈSES : SOIT LE CIEL TOURNE AUTOUR DE LA TERRE, SOIT C'EST LA TERRE QUI TOURNE SUR ELLE-MÊME.

NE SE FIANT QU'À LEURS SENS, LES ANCIENS AVAIENT TOUT LIEU DE CROIRE QUE LA TERRE SE TROUVAIT AU CENTRE DE L'UNIVERS. LE CIEL NE SEMBLE-T-IL PAS TOURNER AUTOUR DE NOUS ALORS QUE LE SOL SOUS NOS PIEDS PARAÎT PARFAITEMENT IMMOBILE ? DEPUIS QUE, GRÂCE À LA RÉVOLUTION COPERNICIENNE, LA TERRE A ÉTÉ REMISE À SA PLACE DANS L'UNIVERS, ON SAIT QUE C'EST BIEN NOTRE PLANÈTE QUI TOURNE SUR ELLE-MÊME.

CONSEILS D'OBSERVATION

Pour trouver facilement l'Étoile polaire, cherchez la constellation de la Grande Ourse, celle qui ressemble à une casserole (p. 13). Prenez les deux étoiles les plus éloignées du manche, et prolongez 5 fois ce segment vers le haut de la casserole. Vous tomberez immanquablement sur l'Étoile polaire.

CONSEILS PHOTO

Pour réussir ce genre de cliché, rien ne vaut un bon vieil appareil photo argentique (qui fonctionne avec une pellicule). Une pellicule de 200 ISO exposée pendant une heure donnera déjà des résultats intéressants. Pour une circumpolaire, le grand-angle est de rigueur. Cadrez en direction du nord, afin que le paysage et l'Étoile polaire soient dans le champ. De préférence, optez pour un bel avant-plan. Ouvrez le diaphragme, mais pas trop. Vous pourrez par exemple fermer d'une à deux valeurs de diaphragme pour gagner en qualité optique, la luminosité de la scène n'étant pas un problème. Pour que les étoiles laissent de beaux arcs de cercle, le temps de pose doit être d'au moins 30 minutes.

Avec un appareil numérique, le principal problème vient du fait qu'une exposition de plusieurs dizaines de minutes engendre beaucoup de « bruit » sur les images. La sensibilité doit donc être choisie de sorte que le bruit se fasse discret : 400 à 800 ISO représente un bon compromis. Une parade à ce bruit numérique consiste à faire des poses successives de 1 à 5 minutes que vous « additionnerez » grâce au logiciel gratuit *Starmax* (voir www.pixheaven.net/leciel.php) de Gilbert Grillot en employant la fonction Add_Max.

La Terre tourne sur elle-même. Nous autres Terriens avons l'impression que c'est le ciel qui tourne autour de l'Étoile polaire, située près de l'axe de rotation de la Terre. Pendant cette pose d'une heure, une étoile filante est venue griffer le ciel.

Dans le ciel, le Soleil apparaît à l'est, s'élève pour culminer en milieu de journée, puis redescend pour se coucher à l'ouest. La Lune, les planètes et les étoiles suivent la même règle. Tous les astres tracent dans le ciel des arcs de cercle dont le centre n'est autre que la projection céleste de l'axe de rotation de la Terre : le pôle nord céleste.

Par chance, une étoile relativement brillante est située tout près du pôle nord céleste : c'est l'Étoile polaire, Alpha Polaris (l'étoile la plus brillante de la constellation de la Petite Ourse). Cette coïncidence céleste n'est que temporaire : l'Étoile polaire restera proche du pôle nord céleste pendant encore quelques centaines d'années, puis, d'ici 12 000 ans, elle sera remplacée par la brillante Véga. Ce phénomène, qui voit le pôle nord décrire un grand cercle dans le ciel selon un cycle de 25 800 ans, est appelé la précession des équinoxes. ▪▪▪

Si réussir une circumpolaire est chose facile, c'est le premier plan qui fera la différence. À l'aide d'un objectif fish-eye, l'antenne télé du Pic du Midi semble attirée par l'Étoile polaire. En contrebas, la mer de nuage est éclairée par les villes cachées sous les nuées.

Vue de France et des pays situés à semblable latitude, l'Étoile polaire est à mi-hauteur du zénith dans le ciel, formant avec l'horizontale un angle d'environ 45°. C'est la seule étoile qui semble ne pas bouger dans le ciel au cours de la nuit. En réalité, se trouvant décalée de 1° par rapport à la position exacte du pôle nord céleste, elle décrit en 24 h un petit cercle de 2° de diamètre, totalement imperceptible.

Si vous faites une photo du ciel en pointant votre appareil photo sur l'Étoile polaire, vous verrez les étoiles dessiner des arcs de cercle autour de ce pivot céleste. Cette composition photographique est ce qu'on appelle une « circumpolaire » (littéralement « autour du pôle »). L'effet de spirale est aussi impressionnant que facile à obtenir ! ■■■

À cause de la pollution lumineuse, la pâle voie lactée est noyée dans les lueurs des villes qui s'étendent de Nice à Cannes. L'éclairage urbain non maîtrisé est un véritable fléau pour l'observation du ciel.

La constellation d'Orion (les spécialistes reconnaîtront les traînées parallèles des trois étoiles de la ceinture d'Orion, à droite du clocher) est à l'équateur céleste. Les étoiles situées plus haut (les étoiles septentrionales) et celles situées plus bas (les étoiles australes) tracent des arcs de cercle centrés respectivement sur le pôle nord céleste (l'Étoile polaire) et le pôle sud céleste. Vénus est l'astre éclatant semblant s'embraser en bas à gauche.

■ ■ ■

Si en revanche vous tournez votre appareil photo en direction de l'ouest, les étoiles situées dans le prolongement de l'équateur terrestre dessineront des droites entourées d'arcs de cercle centrés sur le pôle nord à droite, et sur le pôle sud (invisible de France métropolitaine) à gauche.

Plus généralement, une photo d'étoiles ayant laissé des traînées s'appelle un « filé d'étoiles ».

Les « deux gardes » de la Grande Ourse permettent, en prolongeant 5 fois leur distance, de trouver facilement l'Étoile polaire, l'astre le plus brillant de la constellation de la Petite Ourse.

Dans l'hémisphère sud, les observateurs ont un peu plus de difficultés pour réussir ce genre de cliché : ils ne bénéficient en effet d'aucune étoile brillante marquant l'emplacement du pôle sud céleste, et doivent estimer sa position au cœur des étoiles de la pâle constellation de l'Octant.

Attention : la rotation de la Terre fait qu'il est délicat de photographier en même temps des étoiles ponctuelles et un paysage net et bien exposé. Si le temps de pose utilisé est trop long, les étoiles laisseront des traînées dans le ciel. Si en revanche on fait appel à une monture équatoriale permettant de compenser le déplacement des étoiles, c'est le paysage qui semblera se déplacer et laissera une trace floue. L'idéal est de veiller à ne pas dépasser un temps de pose au-delà duquel les étoiles commencent à « filer ». Typiquement, ce temps correspond à 30 s pour un grand-angle de 28 mm de focale, et 2 s pour un 300 mm.

VISIBLE	FRÉQUENT	QUAND ?	TOUT LE TEMPS
		OÙ ?	PEU IMPORTE

LE SOLEIL BOUGE

IL FAIT LE TOUR DU CIEL EN UNE ANNÉE

DE NOTRE POINT DE VUE TERRESTRE, LE SOLEIL SEMBLE DÉRIVER LENTEMENT PARMI LES ÉTOILES. IL LUI FAUT UNE ANNÉE POUR BALAYER À NOUVEAU LES MÊMES RÉGIONS DU CIEL. CE DÉPLACEMENT EST DIFFICILE À METTRE EN ÉVIDENCE AU JOUR LE JOUR, CAR NOTRE ÉTOILE EST SI BRILLANTE QU'IL MASQUE TOUS LES REPÈRES CÉLESTES QUI PERMETTRAIENT DE CONSTATER CETTE DÉRIVE. CEPENDANT, VOUS AVEZ SANS DOUTE REMARQUÉ QUE LE SOLEIL EST BAS SUR L'HORIZON EN HIVER, TANDIS QU'IL MONTE TRÈS HAUT DANS LE CIEL EN ÉTÉ.

ÉVIDEMMENT, CE N'EST PAS LE SOLEIL QUI FAIT LE TOUR DU CIEL EN UN AN, MAIS LA TERRE QUI ACHÈVE UN TOUR DU SOLEIL EN UNE ANNÉE. CHERCHONS À DÉCOUVRIR LES ÉLÉMENTS QUI METTRONT EN ÉVIDENCE CE DÉPLACEMENT. POUR CE FAIRE, NOUS ALLONS NOUS INTÉRESSER AUX ÉQUINOXES, AUX SOLSTICES ET DÉCOUVRIR CE QUI LES LIE AUX SAISONS.

CONSEILS D'OBSERVATION

Pour voir le déplacement du Soleil au cours de l'année, il faut prendre un point de repère lointain et noter comment le Soleil levant ou couchant dérive par rapport à ce point, jour après jour. Vous constaterez que la dérive est relativement rapide aux moments des équinoxes, et presque inexistante aux environs des solstices.
Plus simplement encore, le changement des constellations visibles au cours des saisons permet aussi de constater la dérive du Soleil dans le ciel.

CONSEILS PHOTO

Voici comment mettre en évidence la dérive du Soleil au fil des jours. Commencez par sélectionner un bel avant-plan. Un arbre, une église ou un phare seront plus esthétiques qu'un poteau électrique, quoique des lignes haute tension ou des cheminées d'usine puissent s'avérer d'une insolite beauté. À l'aide d'un objectif de grande focale, saisissez le Soleil peu avant son coucher. Faites une photo toutes les 30 s. Les jours suivants, placez l'appareil photo au même endroit, et recommencez à faire des poses toutes les 30 s exactement aux mêmes heures.
En superposant les photos ou en les plaçant côte à côte, vous verrez la dérive et le retard (ou l'avance) du coucher de jour en jour.

Lors de l'équinoxe de printemps, le Soleil dérive rapidement dans le ciel. Sur ces deux séries prises les 18 (colonne de gauche) et 19 (colonne de droite) mars 2005 (soit un et deux jours avant le solstice), on constate qu'à la même heure à un jour d'intervalle, le Soleil est un peu plus haut (plus à l'est) que la veille, et un peu plus à droite (plus au nord).

Crédit de la Terre : NASA.

La Terre fait un tour complet du Soleil en une année (c'est la révolution terrestre), tandis que chaque jour, la Terre fait un tour sur elle-même (c'est la rotation terrestre). Or, l'axe de rotation n'est pas perpendiculaire au plan de révolution (appelé plan de l'écliptique). Cet axe est incliné de 23° 27' par rapport à la perpendiculaire. De plus, il pointe toujours dans la même direction par effet gyroscopique (une force qui s'oppose à tout changement d'orientation d'un axe de rotation). Quelle conséquence cela a-t-il ?

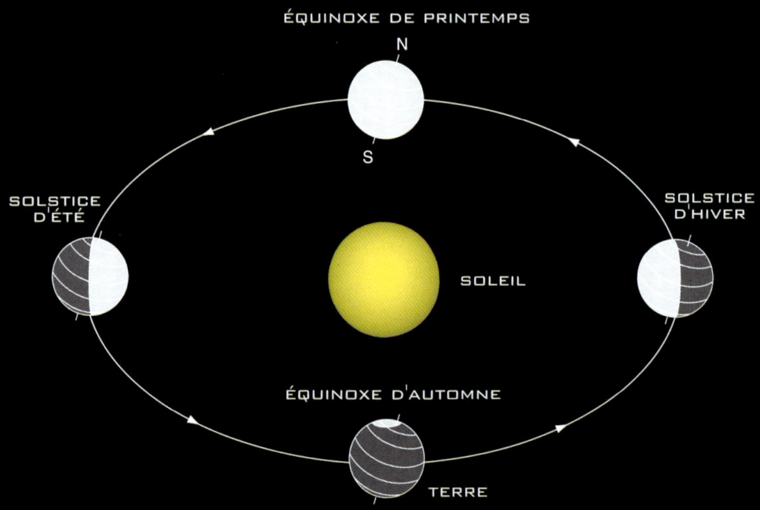

Plaçons-nous dans l'hémisphère nord au début de l'été (qui commence le jour du solstice d'été). L'axe de rotation dans cet hémisphère est penché du côté du Soleil. De ce fait, le Soleil monte bien haut dans le ciel. Il éclaire efficacement cet hémisphère où il fait chaud. Six mois plus tard (solstice d'hiver), c'est l'axe de l'hémisphère sud qui est incliné vers le Soleil. Du coup, le Soleil est bas dans le ciel pour l'hémisphère nord. Recevant peu de lumière, il y fait froid. Aux débuts du printemps et de l'automne (aux équinoxes), aucun des deux côtés de l'axe n'est privilégié. Le Soleil est à l'équateur céleste, à mi-chemin entre les positions estivale et hivernale. Il ne fait ni chaud, ni froid car la quantité de lumière solaire est moyenne. Les saisons résultent donc de cette inclinaison de l'axe de rotation de la Terre. Sans cela, la température en un point de la planète serait toujours sensiblement la même à une heure donnée tout au long de l'année.

En été (photo du haut), l'ensoleillement est fort (car le Soleil monte haut dans le ciel), donc les températures sont potentiellement élevées. Au contraire, les journées d'hiver (photo du bas) sont courtes et le Soleil reste bas. L'ensoleillement est faible et les températures fraîches.

Ainsi, en une année, d'un été à l'autre, le Soleil décrit une large sinusoïde (songez à la forme d'une vague) : passé le solstice d'été, il descend, coupe l'équateur céleste à l'équinoxe d'automne, descend encore jusqu'au solstice d'hiver puis remonte, recoupe l'équateur céleste à l'équinoxe de printemps et culmine à nouveau au solstice d'été suivant.
Voilà pour ce qui est du mécanisme. Revenons maintenant au cœur du sujet : dans le ciel, que peut-on voir au fil des jours d'une année ?

Le phare d'Eckmühl (Finistère) et son sémaphore seraient-ils les meilleurs repères pour rendre compte de la dérive du Soleil ? De fait, vu depuis la ville portuaire du Guilvinec, ils sont situés plein ouest, exactement là où se couche le Soleil lors des équinoxes.

...

Pour mettre en évidence le déplacement du Soleil, il faut des repères. Nous allons les trouver à l'horizon au lever ou au coucher de l'astre. Tâchez de dénicher un repère lointain et revenez jour après jour sur le même site d'observation pour voir comment le Soleil dérive par rapport à ce repère. À l'approche du solstice d'été (le point le plus haut du Soleil dans le ciel), notre étoile, qui glisse lentement vers le nord, ralentit. Elle se couchera donc sensiblement au niveau du même repère pendant quelques jours. Puis elle va se décaler vers la gauche (en direction du sud) de plus en plus vite, tout en se couchant de plus en plus tôt.

Lors du solstice d'hiver en 2006, les éléments se sont ligués pour m'empêcher de photographier le Soleil deux jours de suite (les îles des Glénan à l'horizon m'auraient aidé à superposer les deux photos). Si j'avais pu mener mon projet à bien, on aurait vu deux disques solaires très légèrement décalés l'un par rapport à l'autre (voir chapitre suivant « La Terre ne tourne pas rond »), car en cette période de l'année, le Soleil se couche 30 s plus tard de jour en jour.

Sa dérive la plus rapide se produit aux environs de l'équinoxe d'automne, lorsque le Soleil se couche exactement en direction de l'ouest. Puis il continue sa course vers le sud-ouest, mais ralentit progressivement. Il finit par atteindre son point le plus austral au moment du solstice d'hiver, se couchant à peu près à la même heure et au même azimut pendant quelques jours consécutifs. Puis il fait machine arrière en remontant en direction du nord. Il atteint sa vitesse de dérive maximale à l'équinoxe de printemps, lorsqu'il est à nouveau plein ouest. Passé ce point, le Soleil se décale de plus en plus lentement pour revenir à son point de départ, celui du solstice d'été : une année s'est écoulée. ■■■

Orion est la constellation emblématique de l'hiver. Accompagnée de la constellation du Grand Chien (en bas à gauche, qui se réfléchit dans l'eau) dont Sirius est l'étoile la plus brillante du ciel, elle trône dans les cieux hivernaux dès la nuit tombée.

■ ■ ■

Une autre façon de prendre conscience de la dérive du Soleil dans le ciel, c'est de remarquer que les étoiles de la voûte céleste changent lentement au cours des saisons. En effet, le Soleil dérive et masque par son éclat aveuglant les étoiles (nous les considérerons comme immobiles les unes par rapport aux autres) situées trop proches de lui. Les seules constellations visibles à un moment donné sont celles situées assez loin du Soleil et qui apparaissent une fois le Soleil couché.

Les Trois Belles d'Été forment un astérisme emblématique du ciel estival : le Triangle d'Été. Le triangle se compose des étoiles Altaïr (à gauche), Véga (à droite du centre) et Déneb (en haut).

Ainsi, Orion est la constellation reine des nuits d'hiver. Elle se couche de plus en plus tôt au cours du printemps et est invisible en été.
En revanche, la période estivale voit son ciel orné des Trois Belles d'Été : les trois étoiles principales des constellations du Cygne, de la Lyre et de l'Aigle. Ces constellations disparaissent au cours de l'automne, cédant lentement la place à Orion. Une année s'est écoulée. ■

VISIBLE	FRÉQUENT	QUAND ?	TOUT LE TEMPS
		OÙ ?	PEU IMPORTE

LA TERRE NE TOURNE PAS ROND

SON ORBITE EST ALLONGÉE

LES PLANÈTES TOURNENT AUTOUR DU SOLEIL, MAIS JAMAIS SUR DES ORBITES PARFAITEMENT RONDES. CES DERNIÈRES SONT EN EFFET PLUS OU MOINS ALLONGÉES : CE SONT DES ELLIPSES. AINSI, LEUR DISTANCE AU SOLEIL VARIE LÉGÈREMENT AU COURS D'UNE RÉVOLUTION.

CE MOUVEMENT EST DES PLUS SUBTILS. POUR LE METTRE EN ÉVIDENCE, IL FAUT PHOTOGRAPHIER LE SOLEIL SOIT EN GROS PLAN EN JANVIER ET JUILLET, SOIT EN GRAND-ANGLE JOUR APRÈS JOUR À LA MÊME HEURE UNE ANNÉE DURANT. DANS LE PREMIER CAS, LE SOLEIL SERA SENSIBLEMENT PLUS GROS EN JANVIER QU'EN JUILLET. DANS LE SECOND CAS, LE SOLEIL QUI SERA PARFOIS EN RETARD, PARFOIS EN AVANCE, DESSINERA UN GRAND 8 DANS LE CIEL APPELÉ ANALEMME.

CONSEILS D'OBSERVATION

Il n'est pas facile d'observer les conséquences de l'ellipticité de l'orbite de la Terre sans une certaine rigueur. La variation de diamètre du Soleil est faible et n'est visible qu'en le photographiant. Pour ce qui est du retard ou de l'avance du Soleil au méridien (voir p. 25) selon la date, il est nécessaire d'effectuer un relevé systématique, en marquant par exemple la position de l'ombre d'un piquet à midi solaire tout au long de l'année. En reliant les points obtenus, vous verrez se dessiner un 8. Ce décalage, appelé équation du temps, doit être pris en compte par les concepteurs de cadrans solaires afin que le midi solaire indiqué par leur cadran soit fidèle à l'heure solaire officielle.

CONSEILS PHOTO

Pour mettre en évidence la variation du diamètre du Soleil, photographiez le Soleil en haute résolution (voir la technique de « stacking » p. 221) autour du 4 janvier et du 4 juillet. Puis placez les photos côte à côte.
La légende veut qu'il y ait autant de personnes à avoir marché sur la Lune que de personnes ayant réussi à photographier un analemme. Si ce genre de projet demande certes de la persévérance sur une année complète, il reste pourtant accessible. À l'aide d'un objectif grand-angle fixé sur un trépied, cadrez soigneusement un bel avant-plan où s'inscrira le Soleil tout au long de l'année. Faites une photo d'ambiance qui servira à la réalisation finale de l'analemme (vous pouvez faire cette photo à n'importe quel autre moment). Puis mettez un filtre solaire devant l'objectif pour photographier régulièrement le Soleil au fil des jours, quand le ciel est bien dégagé là où il se trouve. Bien entendu, le cadrage doit rester strictement le même. Assemblez ensuite les photos obtenues au cours de l'année pour obtenir l'analemme. En numérique, c'est bien plus facile qu'en photo argentique pour laquelle il fallait superposer manuellement les négatifs dans l'agrandisseur !

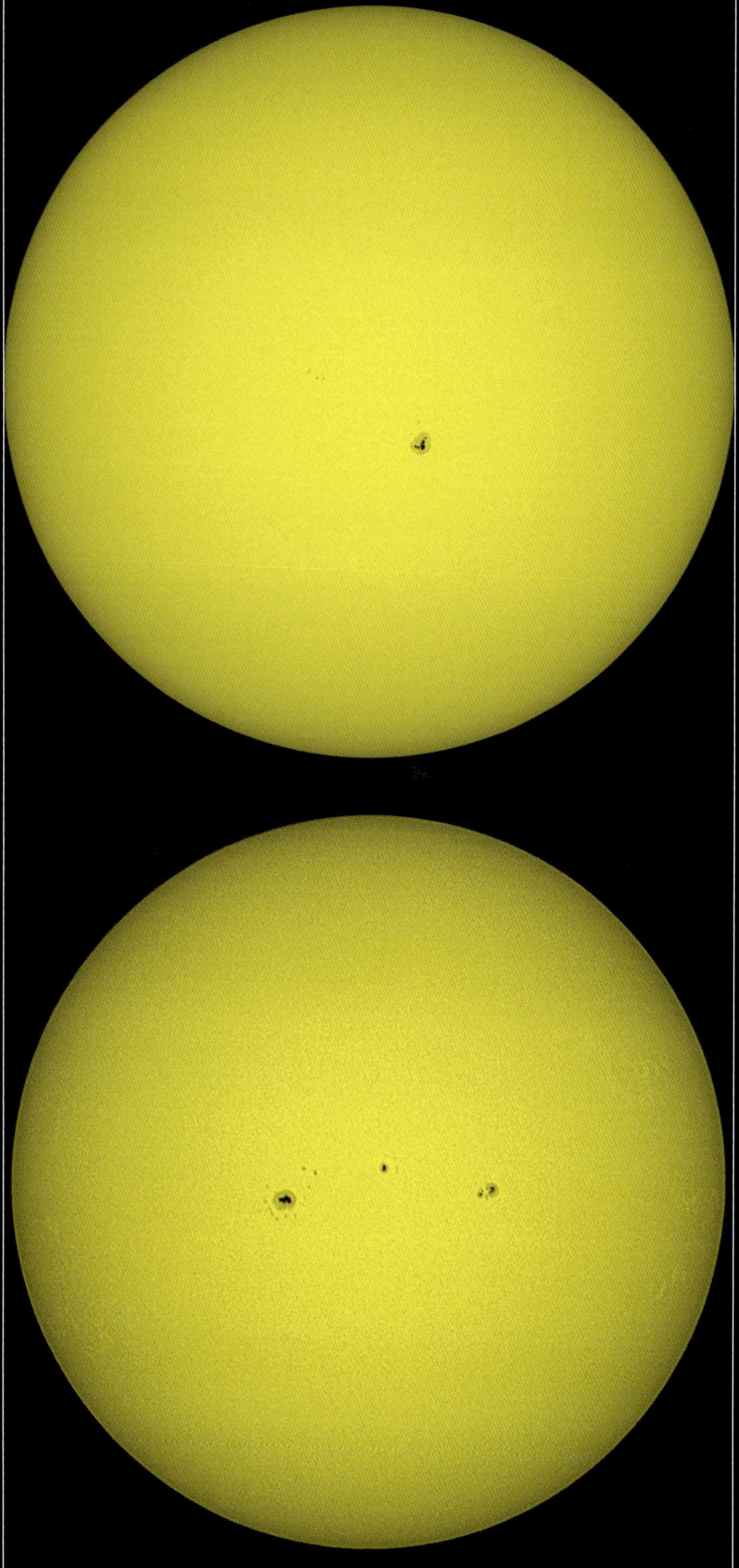

Ce montage simule la différence de diamètre apparent du Soleil vu de la Terre selon qu'elle en est proche (en haut début janvier) ou loin (début juillet), conséquence de la forme elliptique de l'orbite terrestre. Les zones noires sont des taches solaires.

LA TERRE NE TOURNE PAS ROND

L'orbite de la Terre est elliptique, c'est-à-dire qu'elle n'est pas parfaitement circulaire mais très légèrement allongée. De ce fait, la Terre est plus ou moins proche du Soleil selon la date. Ainsi, début janvier, nous sommes au plus près de notre étoile (au périhélie), à 147,1 millions de kilomètres, tandis qu'en juillet, nous en sommes au plus loin (à l'aphélie), à 152,1 millions de kilomètres. Cela correspond à une variation de distance de 3 %.

Ainsi, si nous photographions le Soleil aux environs du 4 janvier et du 4 juillet, nous obtiendrons, du fait de l'orbite elliptique de la Terre, deux disques de diamètres légèrement différents.

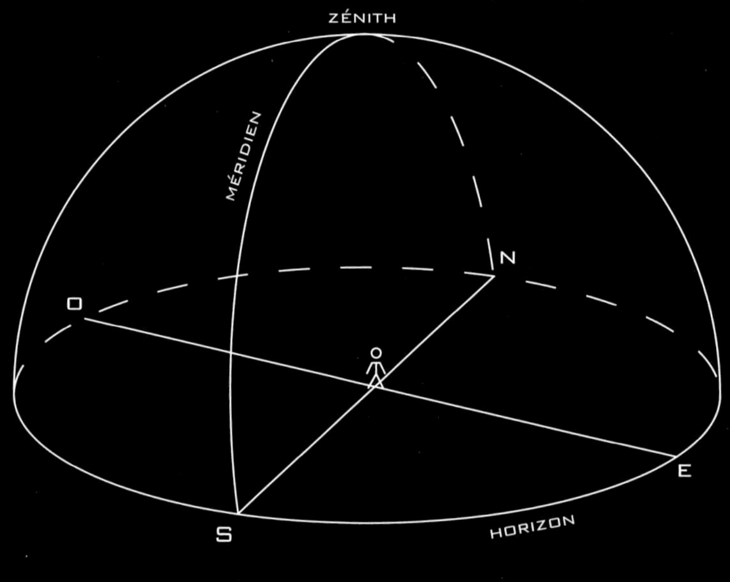

Dans le ciel, il existe une ligne imaginaire joignant le nord au sud et passant par le zénith. Cette ligne est appelée « méridien ». Tout objet qui atteint le méridien atteint du même coup son point le plus haut dans le ciel. Ainsi, à midi, heure solaire (l'heure de nos montres en France est en avance sur l'heure solaire de 1 à 2 heures selon que nous sommes en heure d'hiver ou d'été), le Soleil devrait passer au méridien. Mais ce n'est pas tout à fait le cas.

Plus la Terre est proche du Soleil, plus elle se déplace rapidement sur son orbite : c'est la deuxième loi de Kepler. Mais dans le même temps, sa vitesse de rotation sur elle-même reste constante. Ainsi, en 24 h, la Terre a fait un tour sur elle-même, mais comme elle s'est déplacée un peu plus rapidement sur son orbite, le Soleil est alors légèrement en retard sur son passage au méridien. Au contraire, lorsque la Terre est loin du Soleil, elle se déplace moins vite sur son orbite et de ce fait, la vitesse de rotation est proportionnellement plus rapide. Le Soleil passe au méridien en avance par rapport au midi solaire.

Ce décalage atteint jusqu'à 14 minutes de retard à la mi-février, et 16 minutes d'avance au début novembre. Pourquoi cela ne se produit-il pas aux moments du périhélie et de l'aphélie ? Parce que l'axe de rotation de la Terre est incliné (voir chapitre précédent « Le Soleil bouge »), ce qui provoque aussi un retard ou une avance. Or ces variations sont décalées dans le temps par rapport au décalage dû à l'ellipticité de l'orbite terrestre. Les retards et avances constatés du passage du Soleil au méridien sont donc la conséquence des effets combinés de l'ellipticité de l'orbite de la Terre et de l'inclinaison de son axe de rotation.

Si l'on photographie le Soleil tous les jours à la même heure solaire (ici, à Téhéran) pendant une année entière, on obtient une figure en forme de 8. Elle est la conséquence combinée de la forme allongée de l'orbite de la Terre et de l'inclinaison de l'axe de rotation terrestre par rapport à son plan de révolution. Crédit : Mohammad Reaza Noroozi.

VISIBLE	FRÉQUENT	QUAND ?	TOUT LE TEMPS
		OÙ ?	PEU IMPORTE

LA LUNE CHANGE

SOUVENT LUNE VARIE, BIEN FOL QUI S'Y FIE

DEPUIS QUATRE MILLIARDS ET DEMI D'ANNÉES, LA LUNE ACCOMPAGNE LA TERRE. SEUL SATELLITE NATUREL DE NOTRE PLANÈTE, LA LUNE TOURNE INLASSABLEMENT AUTOUR DE NOUS EN UN PEU MOINS DE 30 JOURS. JOUR APRÈS JOUR, NOUS LA VOYONS CHANGER DE FORME : CE SONT LES PHASES LUNAIRES.

EN L'ESPACE D'UN MOIS, LA LUNE PASSE PAR TOUTES LES PHASES. D'ABORD FIN CROISSANT DU SOIR, ELLE S'ARRONDIT LENTEMENT DE JOUR EN JOUR, DEVIENT QUARTIER, PUIS GIBBEUSE, ET ENFIN PLEINE. ELLE REPRODUIT ALORS CES PHASES À REBOURS ET FINIT PAR DISPARAÎTRE EN UN MINCE CROISSANT DU MATIN.

CONSEILS D'OBSERVATION

Pour effectuer de bonnes observations de la Lune, il faut se doter d'un calendrier où figurent ses phases. Ainsi, vous allez pouvoir guetter le fin croissant du soir qui suit ou précède la Nouvelle Lune. Pour en profiter pleinement, munissez-vous d'une paire de jumelles qui vous aidera à observer la délicate lumière cendrée (chapitre « Le clair de Terre » p. 166). Lorsque la Lune est en quartier, mieux vaut l'observer à la lunette ou au télescope. Le spectacle de la surface lunaire à fort grossissement est incroyable. Il est impossible de se figurer ce paysage tant que l'on n'a pas mis l'œil à l'oculaire.
À la Pleine Lune, offrez-vous simplement une promenade au clair de Lune, car sans ombre portée, l'observation de la surface lunaire est décevante.

CONSEILS PHOTO

La Lune offre de nombreuses opportunités de sujets photographiques. Nous allons voir brièvement ce qu'il est possible de faire avec du matériel accessible à tout un chacun. La photo de cratères, par exemple, est certes intéressante, mais nécessite un équipement spécifique.
En revanche, immortaliser un fin croissant de Lune dans les lueurs du crépuscule est aisé et laisse plus de place à la créativité comme à la poésie. De plus, en fonction du premier plan et de la qualité du ciel (sa luminosité ou la présence d'un voile nuageux), vous obtiendrez des photos toujours différentes, au contraire des gros plans de cratères lunaires sans caractère.
Attention toutefois : le croissant de Lune est assez petit et nécessite une focale d'au moins 70 mm pour qu'il soit bien visible sur la photo. Des temps de pose de l'ordre du 1/4 s à 400 ou 800 ISO devraient vous permettre de capturer à la fois la Lune et le paysage.
Quand la Lune est en quartier ou pleine, il est plus délicat de gérer la différence de luminosité entre l'astre et le paysage. Mieux vaut donc les photographier de jour ou juste après le coucher du Soleil ; sinon, le disque lunaire sera sur-exposé ou le paysage sous-exposé.
Si vous disposez d'une lunette ou d'un télescope, vous pouvez faire des gros plans d'ensemble en fixant l'appareil photo « au foyer » (à la place de l'oculaire) pour en faire un téléobjectif. Vous réaliserez une série de poses que vous additionnerez à l'aide d'un logiciel de « stacking » (voir chapitre suivant « La Lune se dandine et bat comme un cœur » p. 32) afin d'augmenter grandement la qualité de la photo.

Le ciel nocturne semblerait bien monotone sans la Lune. Fort heureusement, la Terre est accompagnée d'un satellite naturel dont les différentes phases rythment nos nuits.

LA LUNE CHANGE

La Lune tourne autour de la Terre. D'un diamètre égal au quart de celui de la Terre et située à 110 fois son diamètre, la Lune est vue sous un angle d'un demi-degré. C'est bien assez grand pour y voir ses mers, vastes étendues sombres constituées de laves solidifiées entourées de reliefs plus élevés et clairs. Mais la première des choses que l'on remarque, ce sont ses phases.

Quand la Lune est située entre la Terre et le Soleil, c'est la Nouvelle Lune. Sa face éclairée est logiquement tournée vers le Soleil. De la Terre, nous voyons la face ne recevant pas de Soleil. La Lune est donc un disque noir d'autant plus difficile à voir qu'il est proche de l'astre aveuglant qu'est le Soleil.

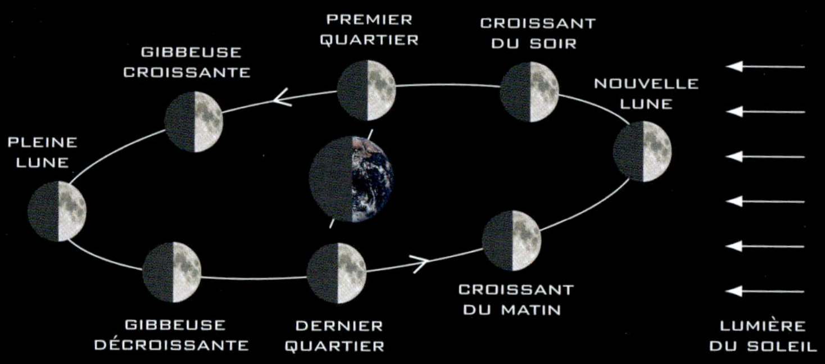

Sur Terre, lorsque vous observez la Lune en premier quartier, seule la partie droite est éclairée par le Soleil, d'où son aspect de demi-lune. Idem au dernier quartier, à la différence près que dans ce cas, c'est la partie gauche de la Lune qui est éclairée. À la Pleine Lune, vous observez une Lune éclairée de face, tandis qu'à la nouvelle Lune, cette dernière est invisible car c'est son côté plongé dans l'ombre qui fait face à la Terre.

Le Soleil s'est couché il y a peu. Un fin croissant âgé d'à peine plus d'un jour orne le ciel en direction de l'ouest.

Deux à trois jours plus tard, lorsque l'on regarde dans la direction où le Soleil s'est couché, un fin croissant apparaît dans le ciel du soir. Ce croissant est accompagné de la pâle lueur de la lumière cendrée (voir chapitre « Le clair de Terre » p. 166). La Lune encore proche du Soleil disparaît rapidement.

Au 7e jour, le croissant s'est épaissi au point d'être maintenant une demi-Lune : c'est le premier quartier. Il se lève discrètement lorsque le Soleil passe au méridien. Lorsque le Soleil se couche, c'est au tour du quartier de Lune de passer au méridien. L'observation du terminateur (la limite entre le jour et la nuit sur le disque lunaire) révèle une foule de détails, car le moindre relief est magnifié par une longue ombre portée. Les cratères sont incroyablement nombreux. ▪ ▪ ▪

Incroyable vision que celle de ce délicat croissant de Lune, comme une virgule dans le ciel du couchant.

...

La Lune continue à s'arrondir. Elle est maintenant en phase gibbeuse (du latin «gibbosus», bossu), pas encore toute ronde. Elle se lève de plus en plus tard, en cours d'après-midi, et se couche après minuit. Elle est déjà très lumineuse et n'a guère de peine à former des ombres, pour peu que vous soyez dans un site dépourvu de pollution lumineuse.

Entre le premier quartier et la Pleine Lune, la Lune est dite gibbeuse. Elle apparaît au cours de l'après-midi et se couche en seconde partie de nuit. Pour éviter des problèmes d'exposition, photographiez-la au coucher du Soleil, lorsqu'elle est un peu plus lumineuse que le paysage.

Enfin, 15 jours après la Nouvelle Lune, la Lune est tout à fait ronde : c'est la Pleine Lune. Elle est située à l'opposé du Soleil et se lève donc au moment où ce dernier disparaît. Ses reliefs sont écrasés, sans ombres, car éclairés par une lumière solaire située à leur zénith. La Pleine Lune illumine le ciel du coucher au lever du Soleil. Les citadins n'ont souvent pas conscience de la luminosité de l'astre sélène lorsqu'il est plein (voir chapitre « Peut-on lire à la lueur de la Pleine Lune ? » p. 192). Le ciel est en effet si clair qu'il est difficile d'observer les astres peu lumineux.

Quand elle est à l'opposé du Soleil par rapport à la Terre, la Lune est Pleine. Elle est aussi ronde que brillante et illumine ciel et campagne. On remarque de légères différences de teintes dans certaines mers.

Ce croissant du matin est facile à distinguer d'un croissant du soir : son ventre, qui est toujours tourné en direction du Soleil, est orienté vers la gauche.

Puis la Lune dégonfle de jour en jour : elle est redevenue gibbeuse. 22 jours après la Nouvelle Lune, elle forme à nouveau une demi-lune : c'est le dernier quartier. L'astre sélène se lève à minuit heure solaire et culmine lorsque le Soleil se lève.

Quelques jours plus tard, la Lune n'est plus qu'un croissant dont le ventre est tourné vers le Soleil. Il faut attendre la fin de la nuit pour la voir réapparaître une à trois heures avant que le Soleil ne se lève.

Au 30e jour, revoici la Nouvelle Lune. Elle est invisible, à moins que nous n'ayons la rare chance de revoir son disque sombre à l'occasion d'une éclipse de Soleil. ■

VISIBLE	FRÉQUENT	QUAND ?	TOUT LE TEMPS
		OÙ ?	PEU IMPORTE

LA LUNE SE DANDINE ET BAT COMME UN CŒUR

MAIS CE N'EST PAS RAPIDE

NOUS SOMMES HABITUÉS À VOIR LA LUNE CHANGER D'ASPECT, CAR EN UN MOIS, ELLE PASSE PAR DIFFÉRENTES PHASES. SUR DES PÉRIODES PLUS LONGUES, UN EXAMEN ATTENTIF NOUS RÉVÈLE TOUTEFOIS DEUX AUTRES PHÉNOMÈNES QUI EN MODIFIENT L'APPARENCE.

LE PREMIER PHÉNOMÈNE TIENT AU FAIT QUE LA LUNE SEMBLE SE DANDINER LENTEMENT, NOUS DÉVOILANT PARTIELLEMENT SA FACE CACHÉE. DE PLUS, ELLE CIRCULE, TOUT COMME LA TERRE, SUR UNE ORBITE ELLIPTIQUE QUI FAIT VARIER SON DIAMÈTRE APPARENT (LE DIAMÈTRE PERÇU DANS LE CIEL DE LA TERRE) AU COURS D'UNE LUNAISON.

CONSEILS D'OBSERVATION

Ces deux phénomènes sont très difficiles à mettre en évidence visuellement, à moins de procéder à des relevés précis de la position des reliefs et du diamètre de la Lune. Il existe cependant un moment où la variation de diamètre apparent est évidente : c'est lorsque l'on assiste à une éclipse de soleil annulaire ou totale. Hélas, les éclipses restent des événements rares.

CONSEILS PHOTO

Il s'agit d'obtenir des clichés de la Lune d'une définition suffisante pour pouvoir comparer les photos prises à différents instants. Pour ce faire, une petite lunette astronomique est le minimum nécessaire. En revanche, il sera difficile de comparer un Quartier avec une Pleine Lune, sauf si c'est la variation de diamètre que l'on veut mettre en évidence.
Ensuite, vous aurez à orienter vos clichés de façon similaire. C'est loin d'être facile, car justement, la Lune se dandine. Ayez recours à un logiciel de cartographie lunaire comme l'excellent *Atlas Virtuel de la Lune* (voir www.pixheaven.net/leciel.php) de Patrick Chevalley pour orienter vos photos de manière à avoir le nord en haut.

Au cours d'une année, les Pleines Lunes qui semblent être toutes les mêmes présentent en réalité de légères différences : les reliefs proches des bords sont parfois difficiles à voir, parfois bien visibles. Le diamètre apparent de la Lune varie lui aussi.

LA LUNE SE DANDINE ET BAT COMME UN CŒUR

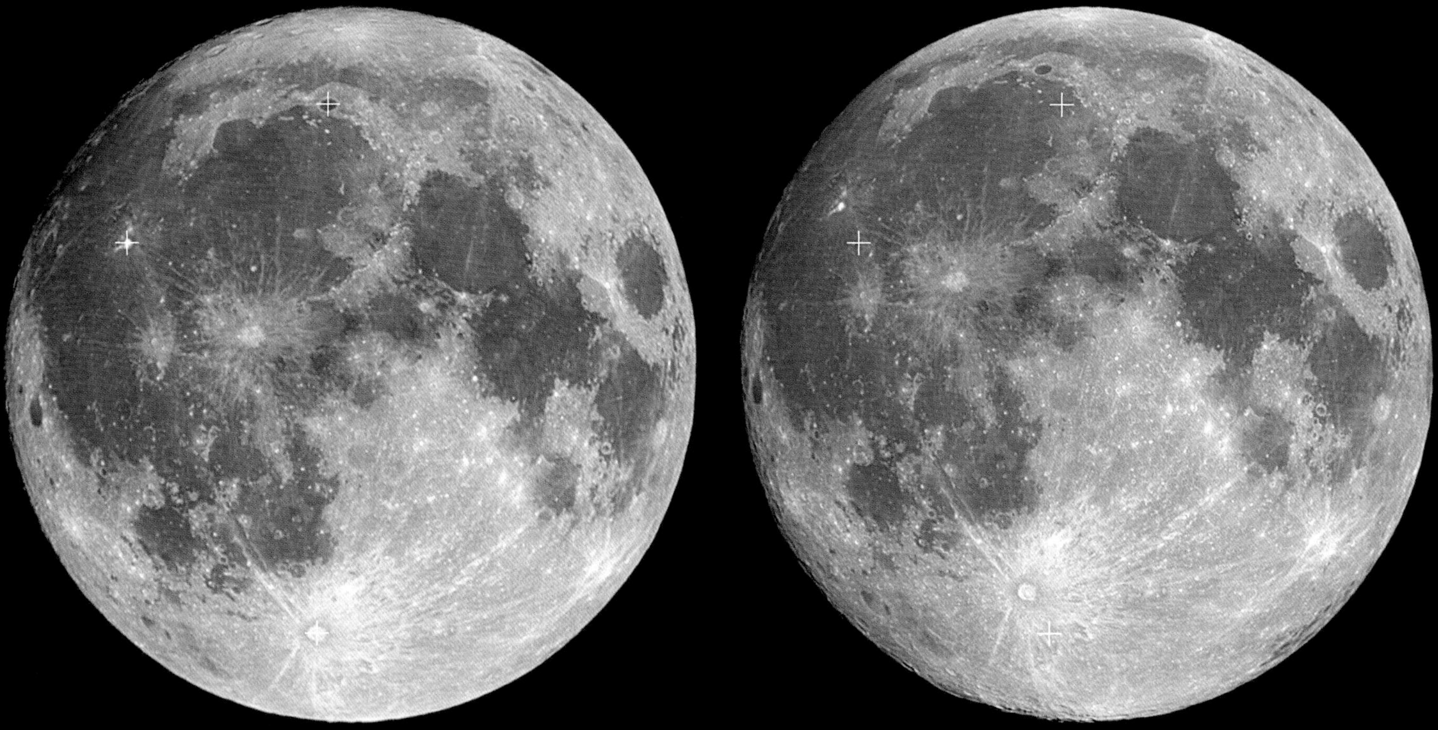

Sur ces deux Pleines Lunes photographiées en août et novembre 2006 (le diamètre lunaire a été ramené à la même taille), la libration est bien visible. Sur la photo de gauche, la croix barrant le cratère brillant Tycho (en bas) passe bien au-dessous de ce même cratère sur l'image de droite. Idem pour le cratère sombre Platon en haut de la Lune. Remarquez aussi comme le cratère sombre Grimaldi (à l'extrême gauche de la Lune) s'est décalé vers la gauche sur le cliché de droite.

La Lune a une face cachée. C'est un hémisphère qui est invisible depuis la Terre, car par un phénomène de résonance, c'est toujours le même côté de la Lune qui est tourné vers nous. Or, l'axe de rotation de la Lune est incliné par rapport au plan de son orbite. Ainsi, la Lune nous montre parfois un pôle plus que l'autre. En outre, son orbite autour de la Terre est elliptique. Quand elle est près de la Terre, elle nous dévoile des terrains situés à l'est pour en privilégier d'autres à l'ouest quand elle est loin de la Terre. Ces effets combinés donnent l'impression, sur une

Ainsi, alors que nous ne devrions voir que 50 % des surfaces lunaires, nous pouvons en observer 59 % ! Des mers ou des cratères situés près du limbe (le bord) de la Lune sont de fait parfois invisibles, parfois visibles en fonction de la libration.

Les Pleines Lunes ne sont pas toutes les mêmes (à gauche, celle de janvier 2006, et à droite, celle d'octobre de la même année). En plus de la libration, leur diamètre apparent peut fortement varier à cause de l'ellipticité de l'orbite lunaire.

La forme elliptique de l'orbite de la Lune est à l'origine de la variation de son diamètre apparent. Son orbite est très allongée, puisque sa distance à la Terre varie de 356 000 (au périgée) à 407 000 km (à l'apogée). Il en résulte une variation de diamètre de 13 %. Ce n'est pas rien, car cela correspond à une variation de surface de près de 28 % ! En conséquence, pour effectuer une observation idéale des détails lunaires, mieux vaut attendre que la Lune soit au plus près de la Terre.

C'est lors des éclipses de Soleil que la variation du diamètre lunaire est prépondérante. Si la Lune est loin de la Terre, son diamètre apparent est plus faible que celui du Soleil. Elle est donc trop petite pour recouvrir totalement le disque solaire, de sorte qu'on assiste à une éclipse annulaire. À l'inverse, si la Lune est proche de la Terre, son diamètre est plus grand que celui du Soleil. Elle recouvre largement le disque solaire et on assiste à une éclipse totale d'autant plus longue que la Lune est proche de la Terre.

C'est au cours des éclipses solaires que la variation du diamètre lunaire se manifeste de la manière la plus évidente. En haut, la Lune est trop loin de la Terre pour recouvrir totalement le disque solaire : c'est une éclipse annulaire de Soleil. En bas, la Lune est plus proche et parvient à masquer entièrement le Soleil : c'est une éclipse totale de Soleil.

VISIBLE	FRÉQUENT	QUAND ?	PARFOIS
		OÙ ?	PRÈS DE L'ÉCLIPTIQUE

LES ASTRES SE CROISENT

SI PROCHES ET POURTANT SI ÉLOIGNÉS

HORMIS LES ÉTOILES QUI RESTENT IMPERTURBABLEMENT À LA MÊME PLACE, LES PLANÈTES ET LA LUNE ERRENT SANS FIN DANS LE CIEL. IL ARRIVE QUE CES ASTRES SE FRÔLENT, FORMANT POUR QUELQUES HEURES OU QUELQUES JOURS UN COUPLE, UN TRIO, VOIRE DAVANTAGE. CETTE PROXIMITÉ N'EST TOUTEFOIS QU'APPARENTE.

INÉVITABLEMENT, À FORCE DE CÔTOYER LES MÊMES RÉGIONS DU CIEL, PLANÈTES ET LUNE FINISSENT PAR SE RAPPROCHER, VOIRE SE TOUCHER. CE N'EST BIEN SÛR QU'UNE ILLUSION DUE À LEUR ALIGNEMENT LE LONG DE NOTRE LIGNE DE VISÉE, CAR LES DISTANCES QUI LES SÉPARENT SE MESURENT EN RÉALITÉ EN MILLIONS DE KILOMÈTRES.

LA LUNE ET LES PLANÈTES FRÉQUENTENT LES ENVIRONS DU PLAN DE L'ÉCLIPTIQUE (LE PLAN CORRESPONDANT À L'ORBITE DE LA TERRE AUTOUR DU SOLEIL) QUI TRAVERSE LES CONSTELLATIONS DU ZODIAQUE. ERRANT À DES VITESSES DIFFÉRENTES DANS LES MÊMES RÉGIONS, CES ASTRES SONT IMMANQUABLEMENT AMENÉS À SE CROISER, SE FRÔLER, PARFOIS INTIMEMENT, ALLANT MÊME JUSQU'À S'OCCULTER. CES RAPPROCHEMENTS, APPELÉS CONJONCTIONS (OU OCCULTATION SI UN ASTRE CACHE L'AUTRE), SONT PARFAITEMENT PRÉVISIBLES ET CONSTITUENT DE BELLES OPPORTUNITÉS DE RÉALISER D'AGRÉABLES PORTRAITS CÉLESTES.

CONSEILS D'OBSERVATION

Un observateur averti en vaut deux. Pour mettre toutes les chances de votre côté, vous devez consulter des sites ou des ouvrages qui vous informent de ces rendez-vous. Pour ma part, je me fie au site Internet de Pierre-Gilles Javaux (http://perso.wanadoo.fr/pgj/) et à *Le ciel à l'œil nu*, l'ouvrage annuel de Guillaume Cannat (Nathan) que l'auteur reprend sous forme électronique sur son site www.leguideduciel.net.
Selon le type de conjonction, vous pouvez soit rester en ville pour un rapprochement d'astres brillants comme la Lune et Vénus, soit vous rendre en pleine campagne ou sur un sommet pour une conjonction plus discrète mettant en jeu une planète avec un amas d'étoiles, comme les Pléiades. La noirceur du ciel dont vous aurez besoin dépendra directement de l'éclat des astres que vous souhaiterez immortaliser.
Le plus souvent, les deux objets en conjonction sont trop loin pour tenir dans le champ d'une lunette astronomique ou d'un télescope (qui couvre généralement moins d'un degré de diamètre). En revanche, des jumelles (leur champ mesure au moins 4°) sont parfaitement adaptées, d'autant qu'elles offriront une magnifique vision de la lumière cendrée ou des Pléiades. Mais en dernier ressort, ces spectacles peuvent pour la plupart être tout aussi bien admirés à l'œil nu.

CONSEILS PHOTO

Toutes sortes de photos sont envisageables selon le type de conjonction. Cependant, la sacro-sainte règle du temps de pose limite, en deçà duquel les étoiles restent des points (voir chapitre « Le ciel tourne » p. 8), imposera la durée d'exposition. De toute façon, les conjonctions impliquent généralement des astres bien lumineux nécessitant des poses courtes.
Une conjonction Lune-planète, à condition que cette planète soit nettement visible à l'œil nu, se photographie avec des paramètres classiques : sensibilité de 400 ISO (pour limiter le bruit), diaphragme de 4 à 5,6 (pour améliorer le piqué), et temps de pose de l'ordre de la seconde. Ainsi, même avec un téléobjectif, les astres devraient rester ponctuels. Vous adapterez bien évidemment la focale au résultat désiré : grand angle pour une photo d'ambiance au crépuscule, focale standard pour mettre en vedette les astres en conjonction – surtout s'ils sont bas sur l'horizon, ce qui permet de cadrer aussi le paysage –, téléobjectif pour isoler les astres et ainsi, par exemple, immortaliser la lumière cendrée dans toute sa beauté. Les conjonctions planète-planète répondent aux mêmes exigences.

En 2007, la Lune a croisé l'amas des Pléiades à plusieurs reprises. Certaines de ses étoiles ont même été occultées. Lorsque la Lune n'est pas trop lumineuse, à l'occasion d'un croissant de Lune par exemple, le spectacle est aussi somptueux que rare.

Si la conjonction met en scène la Lune avec un amas d'étoiles, la différence de luminosité risque d'être un obstacle. Si la Lune est en croissant, pas de problème, mais si elle est gibbeuse ou pleine vous risquerez de n'obtenir qu'un disque lunaire tout blanc aux côtés d'un amas à peine visible! Hélas, il n'y a guère de solution miracle. Certains photographes s'essaient au HDR (voir lexique photo p. 220), mais le résultat a généralement un rendu «surnaturel» qui trahit la technique utilisée. Si la Lune est en croissant, montez la sensibilité à 800 ISO et ouvrez le diaphragme au maximum, car il faudra collecter la plus grande quantité de lumière possible en un minimum de temps, avant que les astres ne dérivent. Il n'y a aucune règle absolue, faites des essais en variant temps de pose et valeur de diaphragme.

Enfin, une conjonction planète-amas d'étoiles impose les mêmes choix que précédemment, mais sans risque de surexposition. Veillez cependant à ôter le filtre avant de votre objectif (s'il y en a un) pour éviter les reflets disgracieux des astres les plus brillants. Ce conseil vaut aussi pour les conjonctions avec la Lune.

Les planètes fréquentent assidûment le plan de l'écliptique. Elles y glissent lentement, chacune à sa propre vitesse. L'inclinaison de leur orbite est voisine de celle de l'orbite de la Terre, ce qui les fait demeurer à proximité de l'écliptique, ne s'en éloignant que de quelques degrés tout au plus.

Vénus et Jupiter se croisent dans le ciel du soir, au-dessus de l'Anse du Pouldon à l'Île-Tudy (Finistère). Ces planètes, parmi les plus brillantes, se tiennent à un peu plus de 2° l'une de l'autre.

Considérons Saturne qui fait un tour complet autour du Soleil en un peu moins de 30 années, et Mars qui boucle le sien en 2 ans environ. Du fait de leur vitesse relative, ces planètes vont se croiser en moyenne une fois tous les deux ans, quand la vive Mars aura fini de rattraper la bien moins rapide Saturne. En revanche, l'inclinaison de leur orbite, 2,5° pour le seigneur des anneaux et 3,4° pour le dieu de la guerre, fait qu'à l'occasion de ces croisements, elles peuvent aussi bien passer très près l'une de l'autre qu'être écartées de quasi 6° (l'équivalent de 12 pleines lunes côte à côte). ▪▪▪

En avril 2002, pas moins de 5 planètes étaient visibles simultanément dans le ciel. Sur cette photo, une des grues du port de commerce de Nantes côtoie 4 planètes : la brillante Vénus et Mercure plus basse à droite, toutes deux à droite de la grue, tandis que s'affichent Mars juste à gauche du bras et Saturne un peu plus à gauche encore. De tels rapprochements sont rares.

La Lune rend visite aux Pléiades (sous l'astre sélène, dans le cou du Taureau) tandis que Vénus (proche de l'œil du Taureau en haut à gauche de la Lune) parade non loin de là. De telles scènes se produisent assez souvent, mais chacune est unique.

Pendant ce temps, bien au-delà des planètes, Orion, le chasseur accompagné de son chien fait héroïquement face au Taureau qui le charge.

La Lune en croissant est venue prêter main-forte à Vénus. Ce type de conjonction avec la Lune est relativement fréquent.

...

Dans le cas de la Lune, c'est un peu plus compliqué car le plan de son orbite est incliné par rapport au plan de l'équateur de la Terre, lui-même incliné par rapport à l'écliptique. Mais *in fine*, la Lune a une inclinaison d'un peu plus de 5° par rapport à l'écliptique. En revanche, la Lune est en apparence beaucoup plus rapide que les planètes : à peine 27 jours pour revenir fréquenter les mêmes étoiles (mais 30 jours pour retrouver la même phase qui dépend de l'angle de la Lune par rapport au Soleil). La fréquence des conjonctions Lune-planète sera donc beaucoup plus élevée que celle des conjonctions planète-planète.

Dans les environs immédiats de l'écliptique se trouvent quelques belles étoiles ou amas d'étoiles qui peuvent ainsi être accompagnés par la Lune ou une planète. Parmi ces étoiles, on en compte quelques-unes bien brillantes : Antarès (dans le Scorpion), Régulus (dans le Lion) et Spica (dans la Vierge). Les Pléiades (dans le Taureau) et la Crèche (dans le Cancer) sont deux amas ouverts que peuvent traverser (en apparence) la Lune ou les planètes. Il en va de même pour l'amas globulaire M22 (dans le Sagittaire). ▪▪▪

Saturne (l'astre le plus brillant à gauche), Mars (un peu plus à droite) et l'amas de la Crèche (à peine visible, juste à droite de Mars) tiennent dans un mouchoir de poche, un cercle de moins de 2°. L'amas d'étoiles est difficile à voir, car bien plus pâle que les deux planètes dans le ciel crépusculaire.

La Lune semble côtoyer l'amas d'étoiles des Pléiades, or ces deux objets sont éloignés de la Terre respectivement de 380 000 km et 440 années-lumière. Les Pléiades sont ainsi 12 milliards de fois plus loin de nous que la Lune !

...

Bien entendu, ces rapprochements ne sont qu'angulaires. C'est-à-dire que ces astres semblent très proches, comme s'ils étaient posés côte à côte sur la voûte céleste. En réalité, si l'on pouvait apprécier la profondeur de la scène, on s'apercevrait que les distances qui séparent chacun de ces objets se comptent en millions de kilomètres, au minimum !

En l'espace de 5 secondes à peine (la durée séparant la photo de gauche de celle de droite), le déplacement de la Lune devant le disque solaire est spectaculaire au cours d'une éclipse de Soleil. Il faut de tels rapprochements pour prendre pleinement conscience de la dérive des astres.

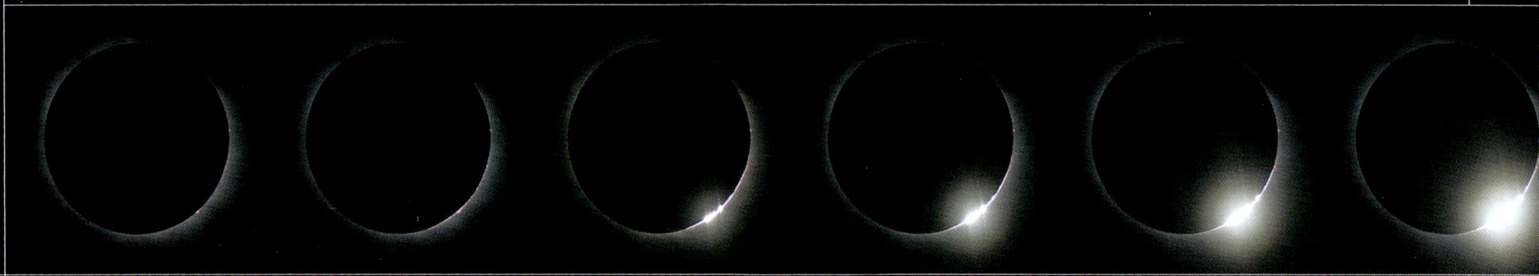

Les planètes se déplacent si lentement dans le ciel qu'elles semblent immobiles. Les conjonctions sont d'excellents moyens de prendre conscience du fait qu'elles dérivent. Lors de conjonctions serrées entre deux planètes, il est même étonnant de voir la rapidité du déplacement de jour en jour, changement d'autant plus rapide que les planètes mises en cause sont proches de la Terre et du Soleil. Ainsi, Mercure, Vénus ou Mars se déplacent-elles bien plus rapidement que Jupiter et Saturne.

Il en va de même pour la Lune dont on peut suivre à travers une lunette astronomique le déplacement de minute en minute lorsqu'elle occulte un astre (étoile ou planète). Mais cette dérive rapide est évidente à l'œil nu dans deux autres cas : les éclipses de Soleil et dans une moindre mesure les éclipses de Lune. ■

Ces deux photos prises à un jour d'intervalle montrent le déplacement rapide de la Lune qui dépasse Mars (l'astre brillant) pour se rapprocher des Pléiades (près du bord gauche). Dans les deux cas, j'ai attendu que la Lune soit filtrée par un nuage pour estomper son éclat. Au second jour, les anneaux colorés d'une couronne lunaire sont visibles.

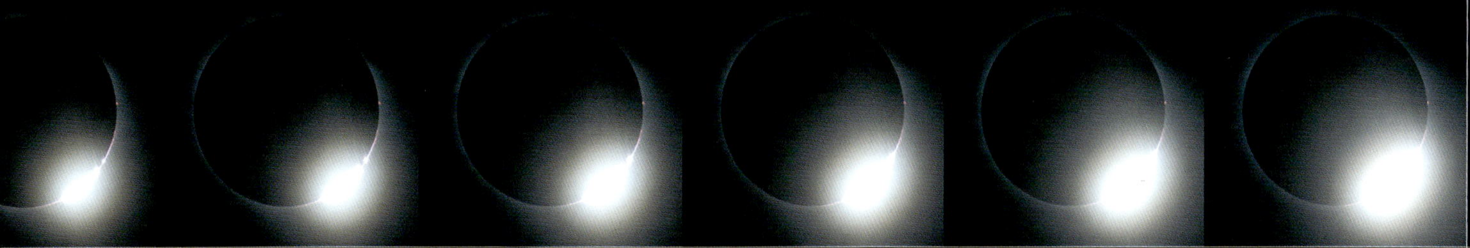

VISIBLE	FRÉQUENT	QUAND ?	À LA PLEINE LUNE OU À LA NOUVELLE LUNE
●●●●● (5/5)	● (1/5)	OÙ ?	DEPUIS TOUT UN HÉMISPHÈRE OU UNE BANDE ÉTROITE

LES ASTRES SE FONT DE L'OMBRE

QUAND LA TERRE, LA LUNE ET LE SOLEIL SONT ALIGNÉS ET S'ÉCLIPSENT

AU COURS DE SA RONDE, IL ARRIVE QUE LA TERRE S'INTERPOSE ENTRE LA PLEINE LUNE ET LE SOLEIL ET PLONGE LA LUNE DANS L'OMBRE : C'EST UNE ÉCLIPSE DE LUNE. PARFOIS, LES RÔLES SONT INVERSÉS ET C'EST LA NOUVELLE LUNE QUI FAIT DE L'OMBRE À LA TERRE : C'EST UNE ÉCLIPSE DE SOLEIL. LES DEUX PHÉNOMÈNES, BIEN QUE DE MÊME NATURE, ONT UN ASPECT RADICALEMENT DIFFÉRENT.

LES ÉCLIPSES DE LUNE ET DE SOLEIL SONT RELATIVEMENT RARES. ELLES NE SE PRODUISENT TOUT AU PLUS QUE QUELQUES FOIS PAR AN. ENCORE FAUT-IL ÊTRE AU BON ENDROIT POUR EN PROFITER. POUR UNE ÉCLIPSE DE LUNE, C'EST FACILE, CAR TOUT OBSERVATEUR SITUÉ SUR L'HÉMISPHÈRE TOURNÉ VERS LA LUNE PEUT VOIR L'ÉCLIPSE. EN REVANCHE, UNE ÉCLIPSE DE SOLEIL EST PLUS EXIGEANTE, PUISQU'IL FAUT SE TROUVER DANS UNE ÉTROITE BANDE D'UNE CENTAINE DE KILOMÈTRES DE LARGE POUR CONTEMPLER UNE ÉCLIPSE TOTALE. HORS DE CETTE BANDE, L'ÉCLIPSE NE SERA QUE PARTIELLE. VOYONS TOUT CELA EN DÉTAIL.

CONSEILS D'OBSERVATION

Observer une éclipse, ça se prépare ! De nombreux sites internet (voir www.pixheaven.net/leciel.php) fournissent les dates, heures et lieux des prochaines éclipses.

Pour une éclipse de Lune, l'observation aux jumelles est très agréable. Idem dans un télescope où l'on aura pris soin de ne pas trop grossir l'image pour que la Lune entre en entier. Guettez les premières teintes cuivrées dans l'ombre de la Terre. Ne soyez pas stressé, vous avez le temps.

A contrario, on ne peut pas en dire autant des éclipses de Soleil, qui se déroulent horriblement vite. Soyez très prudent, car observer le disque solaire présente toujours des risques évidents pour vos yeux. Tant que le disque blanc du Soleil est visible, vous devez utiliser un filtre adéquat. Entre deux coups d'œil au Soleil (avec un filtre), prenez le temps de noter les variations de luminosité du paysage et d'observer les animaux. Cherchez aussi les planètes et les étoiles les plus brillantes (sans filtre évidemment !). Puis, quelques secondes avant la totalité, regardez le Soleil à l'œil nu sans instrument (les portions de Soleil qui restent visibles ne peuvent pas endommager vos yeux), pour voir les derniers grains de lumière disparaître tandis que la couronne est déjà visible. Observez le liseré rouge de la chromosphère et ses protubérances avec un instrument plus puissant. Détaillez la couronne. Faites vite ! Retirez immédiatement votre œil de l'oculaire dès que réapparaissent les premiers rayons blancs du Soleil.

On dit que « ce qui est rare est cher ». Il faudrait ajouter « et beau » ! Une éclipse est un phénomène peu fréquent et d'une telle splendeur que bien des observateurs parcourent la planète entière pour revivre pareilles émotions.

CONSEILS PHOTO POUR UNE ÉCLIPSE DE LUNE

La luminosité de la Lune totalement éclipsée pouvant varier fortement, fiez-vous à l'histogramme qui s'affiche sur l'écran de votre appareil photo numérique pour déterminer le bon temps de pose. Il vous faudra tenir compte de la dérive de la Lune dans le ciel au cours de la pose à l'aide d'un dispositif de suivi. C'est particulièrement vrai si vous utilisez une grande focale pour immortaliser le disque lunaire en gros plan lors de la totalité. Pendant les phases partielles, un simple trépied fait l'affaire.

... CONSEILS PHOTO POUR UNE ÉCLIPSE DE LUNE

...

Selon la hauteur de l'astre, songez à placer un édifice élevé en premier plan pour donner de la perspective à la photo. Vous pouvez aussi tenter de mettre en évidence le diamètre de l'ombre de la Terre à l'aide d'un cerceau.

Un cerceau permet de matérialiser le diamètre de l'ombre de la Terre au niveau de la Lune. Il suffit de calculer la distance entre le photographe et le personnage pour que le cerceau ait un diamètre apparent correspondant parfaitement à celui de l'ombre.

Il est conseillé de placer la balance des blancs en mode « nuages », voire d'être en mode RAW pour faire sa propre balance des blancs une fois devant l'écran de l'ordinateur. N'hésitez pas à bracketer, c'est-à-dire à faire des séries de 3 photos dont l'une est bien exposée, l'autre sous-exposée, et la dernière surexposée. Vous choisirez plus tard celle qui vous semblera la mieux exposée. Prévoir une grosse carte mémoire !

Sortez des sentiers battus ! Imaginez toutes sortes de situations vous permettant d'exploiter la forme particulière de la Lune pendant une éclipse.

CONSEILS PHOTO POUR UNE ÉCLIPSE DE SOLEIL

Immortaliser une éclipse de Soleil est plus contraignant. Le coût du voyage impose une certaine rentabilité… d'autant que la totalité est très, très courte. La préparation est cruciale. Ce n'est pas une fois sur place que vous devez vous rendre compte qu'il vous manque une vis ou que vous ne savez pas quels réglages adopter !
La sensibilité n'est vraiment pas un problème, le Soleil étant brillant, même filtré. Pendant la totalité, la couronne est elle aussi assez brillante. Choisissez donc une sensibilité moyenne garantissant un bruit faible, par exemple 200 à 400 ISO.

Ce montage met en évidence la progression du disque lunaire devant le Soleil. Remarquez que le bord de la Lune semble irrégulier. Ce n'est pas qu'une impression : cette irrégularité est due aux cratères et aux montagnes lunaires vus de profil le long du limbe.

Pour immortaliser le disque solaire, il vous faut impérativement une grande focale, au moins 400 mm. Au-delà de 1 000 mm de focale, le Soleil ne rentre plus dans le champ d'un capteur au format APS-C (équipant la plupart des reflex numériques). Pendant la partialité, optez pour la plus longue focale, puis changez de focale quelques minutes avant la totalité pour photographier la couronne en entier. Pendant la phase partielle, faites des photos d'ambiance, vous avez le temps, d'autant plus que la phase partielle n'est pas passionnante. ▪▪▪

Un masque percé de trous de quelques millimètres de diamètre agit tel des sténopés qui projettent une image du Soleil. L'utilisation d'un objectif « fish-eye » (très grand angle) permet de saisir à la fois le Soleil surexposé qui ne trahit aucune phase, et son image bien exposée qui révèle qu'il n'est qu'un croissant. La profondeur de champ énorme de ce type d'objectif est un atout indispensable.

Dès l'approche de la totalité, il faut se concentrer. Vérifiez la mise au point et tous les paramètres de prise de vue : mode JPG (la compression n'altérera que très peu les photos et surtout, vous êtes sûr de ne pas saturer la carte mémoire), balance des blancs en automatique (il y a assez de blanc dans la couronne pour qu'elle soit efficace), 200 ou 400 ISO, mode rafale et réglage manuel des vitesses. Sélectionnez le 1/4 000 s en attendant que le Soleil soit sur le point de disparaître. Une fois ces réglages effectués, ôtez le filtre solaire et attendez qu'il ne reste plus qu'un infime croissant (surveillez le Soleil avec des lunettes spéciales éclipses) pour regarder à nouveau dans le viseur de l'appareil photo. À l'aide d'un déclencheur, lancez une rafale qui se prolongera quelques secondes après la disparition des grains de Baily (les derniers grains de lumière solaire). Le sujet photographié contient peu de détails, donc les photos sont légères : vous devriez pouvoir faire bien plus de photos qu'habituellement avant saturation de la mémoire interne.

Pour obtenir l'image du haut, il est nécessaire d'assembler plusieurs photos dont les temps de pose s'échelonnent de 1/500 s à 1/10 s. Ainsi, il est possible de rendre compte de l'aspect de la couronne sans risque de sous-exposition ou surexposition. L'image du bas a été traitée de manière à faire ressortir les structures de la couronne, ainsi que le bleu du ciel.

Une éclipse totale de Soleil est la seule occasion d'obtenir un ciel orangé à l'horizon sur 360°. Un objectif « fish-eye » rendra bien compte de l'ambiance pendant la totalité.

Puis augmentez progressivement le temps de pose par pas de 1 IL, par exemple 1/4 000, 1/2 000, 1/1 000, 1/500, 1/250, etc. jusqu'à 1/2 s pour capturer toute la couronne solaire. Vous serez ainsi sûr de n'avoir rien raté. Il faudra bien entendu un long traitement pour assembler toutes les photos et faire ressortir tous les détails dans la couronne solaire.

Cette tâche à peine achevée, jetez-vous sur votre autre boîtier pour saisir le ciel orangé à l'horizon avec ce Soleil fascinant et le paysage. Un trépied sera nécessaire car les temps de pose sont de l'ordre du 1/4 s. Réglez la cellule en sous-exposition d'une vitesse et bracketez sur trois poses (1 IL entre chaque photo). Vous choisirez le meilleur cliché ou bien vous réaliserez éventuellement une image à grande plage dynamique (fonction HDR de Photoshop) à partir des trois photos, une sorte de fusion idéale des photos assemblées. Mais le résultat est souvent étrange lorsque les différences d'exposition sont importantes. ■

LES ASTRES SE FONT DE L'OMBRE

ÉCLIPSE DE LUNE

Si le Soleil et la Lune circulaient dans le même plan, il y aurait des éclipses à chaque Nouvelle Lune et Pleine Lune – bien évidemment, c'est la Terre qui circule autour du Soleil, mais vu de la Terre, le Soleil donne l'impression de se déplacer autour de la Terre. Hélas, les deux astres naviguent sur deux plans distincts, inclinés de 5° l'un par rapport à l'autre. Ainsi, la Lune est la plupart du temps trop haute ou trop basse pour qu'un alignement se produise. Fort heureusement, il arrive que la Lune soit en un des deux points appelés « nœuds », qui correspondent à l'intersection de l'orbite de la Lune avec le plan de l'écliptique : là, c'est l'éclipse assurée !

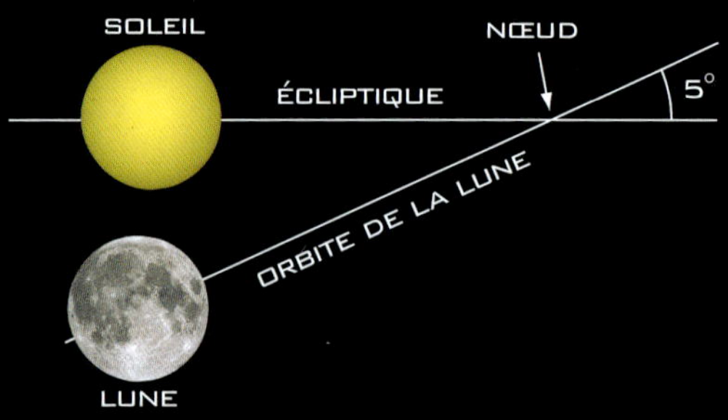

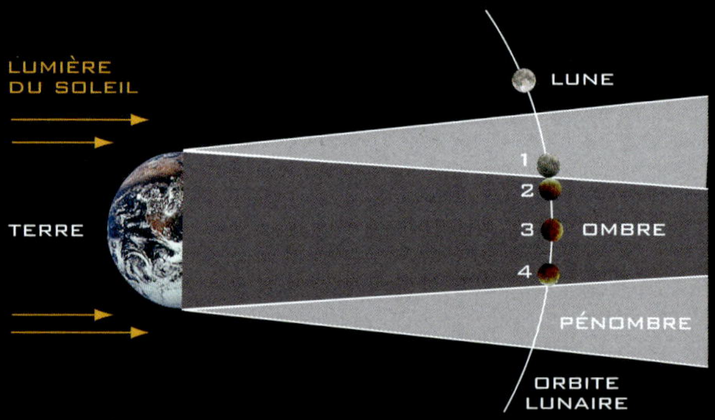

Une éclipse totale de Lune se produit lorsque la Lune entre dans le cône d'ombre de la Terre. Elle peut aussi simplement l'effleurer et il se produit alors une éclipse partielle. La Lune peut aussi ne passer que dans la pénombre (la zone où le Soleil n'est masqué que partiellement) : c'est alors une éclipse par la pénombre, phénomène particulièrement peu spectaculaire. Tout observateur situé dans l'hémisphère où il fait nuit peut voir l'éclipse.

4 3 2 1

ÉCLIPSE DE SOLEIL

Le diamètre apparent de la Lune vue de la Terre est généralement un peu plus gros que le diamètre apparent du Soleil. Ainsi, s'ils sont parfaitement alignés, la Lune parvient à masquer le disque pendant quelques minutes. Plus la Lune est proche, donc grosse, plus l'éclipse est longue.

Les éclipses de Soleil se produisent lorsque la Lune fait de l'ombre à la Terre en s'interposant entre la Terre et le Soleil. Coïncidence extraordinaire, vue de la surface de la Terre, la Lune a un diamètre très proche de celui du Soleil, tantôt légèrement plus grand, tantôt légèrement plus petit. ...

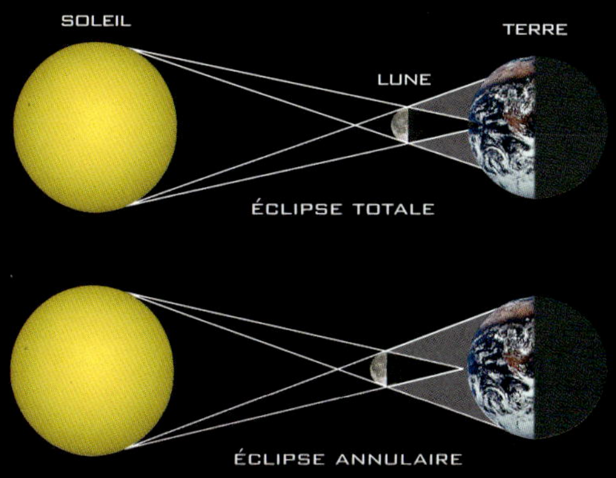

Si l'éclipse de Soleil est partielle, il vous sera impossible de voir la couronne solaire (l'aura blanche autour du disque noir de la Lune) et les protubérances (le liseré rouge visible en bas à droite). Il est donc impératif d'être au plus près du milieu de la bande de centralité dessinée par l'ombre de la Lune.

...

Ainsi, si la Lune est proche de la Terre, elle paraîtra sensiblement plus grosse (voir chapitre « Les astres se croisent » p. 36) et cachera alors entièrement le Soleil si elle se positionne pile devant lui. Mais cette ombre projetée ne mesure qu'une centaine de kilomètres à la surface de la Terre. Il est donc impératif d'être exactement au bon endroit pour espérer, dans le meilleur des cas, être plongé dans une nuit artificielle pendant un peu plus de 7 minutes. Si vous êtes un peu trop excentré, l'éclipse durera moins longtemps. Si vous êtes hors de l'ombre, l'éclipse de Soleil n'est que partielle et vous ratez tout l'intérêt d'une éclipse totale de Soleil, puisque vous ne verrez ni protubérance, ni couronne solaire.

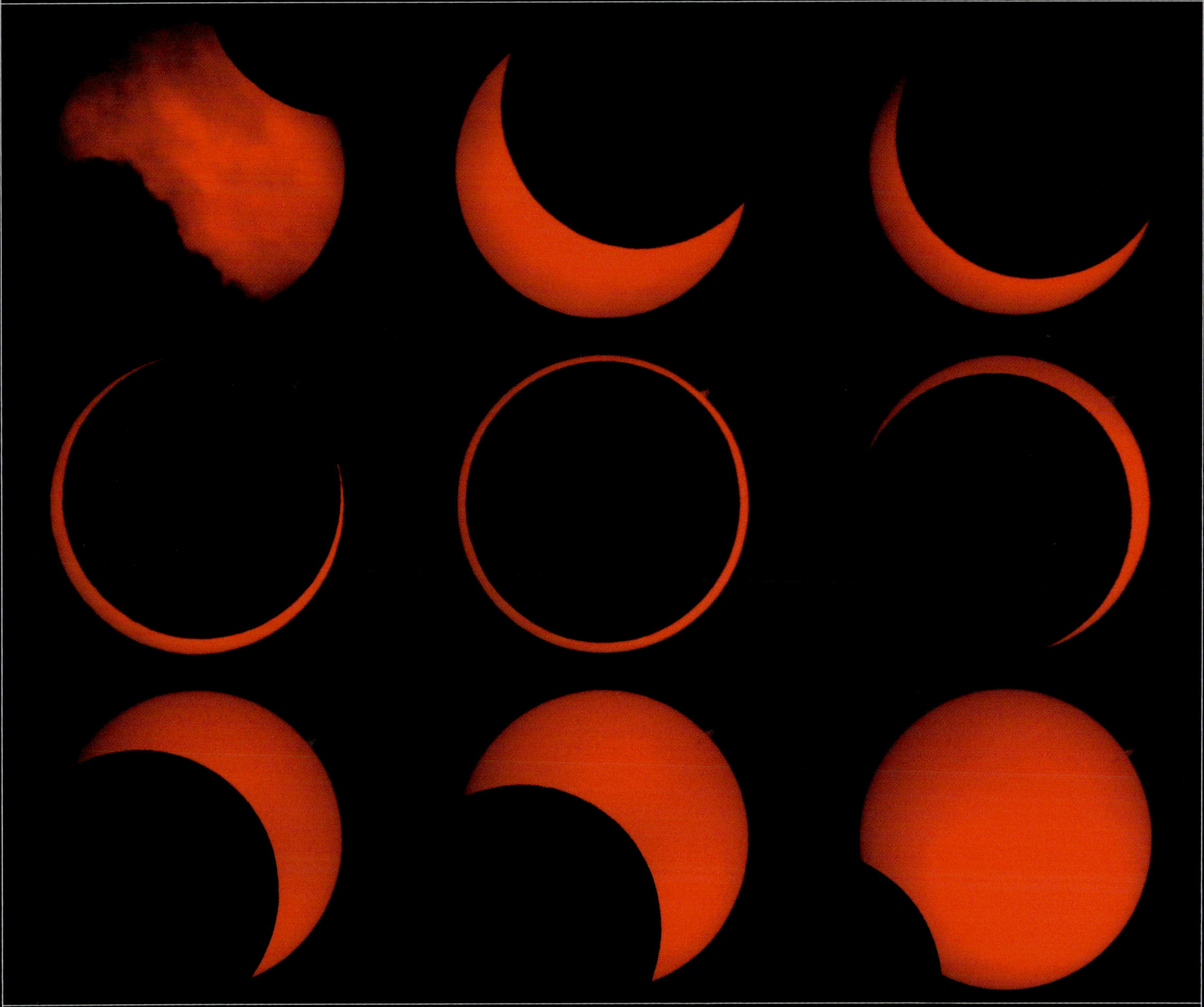

L'éclipse de Soleil du 3 octobre 2005 était une éclipse annulaire visible en Espagne. Le Soleil est rouge car l'appareil comportait un filtre H-alpha ne laissant passer que la lumière rouge. Chronologiquement, les images sont présentées de haut en bas et de gauche à droite.

Si la Lune est trop éloignée de la Terre, elle paraît légèrement plus petite que le Soleil et est incapable de le recouvrir entièrement. Ainsi, lorsque la Lune est pile devant lui, vous voyez une couronne aveuglante tout autour du disque lunaire noir : c'est une éclipse annulaire.

Voir un anneau lumineux dans le ciel à la grâce d'un voile nuageux est un spectacle extraordinaire, au sens premier du terme. Mais cela n'a cependant pas la force d'une éclipse totale de Soleil.

...

Il existe même des éclipses mixtes lorsque la Lune a le même diamètre que le Soleil. Elles sont annulaires (quand vous êtes un petit peu trop loin de la Lune) ou totales (quand vous êtes un petit peu plus près de la Lune) selon votre position sur le globe terrestre.

Attention ! **Observer le disque solaire est dangereux pour les yeux. Il convient de se doter d'un filtre d'observation solaire lorsque son disque est visible (en dehors de la totalité). En revanche, pendant la totalité, vous pouvez profiter du spectacle sans protection, la couronne solaire et les protubérances ne présentant aucun danger.**

Cette série d'images prises tous les quarts d'heure montre le ballet des satellites de Jupiter autour de la planète. Quand la configuration est favorable, il arrive qu'une de ces lunes projette son ombre sur la géante gazeuse. Le disque sombre se déplace petit à petit, traçant la bande de totalité de l'éclipse de Soleil qu'un observateur situé sur Jupiter verrait. Après que l'ombre a quitté le disque jovien, la lune (difficile à voir jusque-là car peu contrastée avec les nuages de Jupiter) finit par apparaître à droite du disque planétaire. Crédit : Sandra Mesa et Gilles Montigel.

Une éclipse n'est pas un phénomène très fréquent. Il y en a au maximum 7 par an et 4 au minimum. Parmi ces éclipses, il se produira au minimum 2 éclipses de Lune et 2 de Soleil, les autres éclipses étant indifféremment lunaires ou solaires. Mais si l'on tient compte du fait que pour une éclipse de Soleil, il est impératif d'être au bon endroit, on s'aperçoit que les éclipses solaires sont très rares. En gros, un observateur sédentaire ne peut contempler en moyenne qu'une éclipse totale de Soleil tous les 400 ans.

Une éclipse totale de Soleil est un spectacle si incroyablement envoûtant qu'il n'est pas étonnant de voir des fans d'éclipses parcourir la planète entière pour les observer, malgré les frais financiers qui s'ajoutent aux risques liés à la météo !

Les éclipses ne sont évidemment pas réservées au couple Terre-Lune. Toute planète pourvue de gros satellites naturels peut jouir du spectacle des éclipses. Il est ainsi fréquent de voir à l'aide d'un télescope l'ombre d'un satellite de Jupiter se projeter devant la planète, voire, mais c'est bien plus rare, de plonger un autre satellite dans l'ombre. Quant à Jupiter elle-même, elle fait bien souvent de l'ombre à ses satellites qui disparaissent ainsi à nos yeux avant d'être masqués par le disque planétaire.

DÉROULEMENT D'UNE ÉCLIPSE TOTALE DE LUNE

Pendant la phase de totalité, la luminosité de la Pleine Lune est faible. Sur cette photo, le ciel aurait été blanc si la photo n'avait été prise lors d'une éclipse totale. La Lune est blanche et non rouge car elle est surexposée.

Lors de l'éclipse, la Lune entre discrètement dans la pénombre, car la baisse de luminosité consécutive est très faible. Mais à mesure qu'elle s'approche de l'ombre, le bord qui en est le plus proche s'assombrit. En revanche, cette ombre est très tranchée, très sombre, lorsque la Lune y a pénétré. La luminosité globale de la Lune décroît et des teintes rouge-orangé commencent à être visibles dans la partie située dans l'ombre. Ces couleurs s'expliquent par le fait qu'une partie de la lumière du Soleil ayant filtré à travers l'atmosphère terrestre réussit à passer (voir chapitre « Le ciel est bleu ! » p. 64) dans l'ombre.

La Lune éclipsée revêt une couleur cuivre caractéristique. Une partie de lumière rouge filtre à travers l'atmosphère de la Terre et réussit à pénétrer le cône d'ombre. La Lune est donc faiblement éclairée par une lumière aux teintes rouge-orangé.

Les étoiles semblent plus nombreuses car le ciel est moins éclairé par la Lune. La Lune n'est plus qu'un croissant blanc complété par un disque gibbeux rouge. Une fois la Lune plongée entièrement dans l'ombre, la partie du disque la plus profondément enfoncée est plus sombre, l'autre côté de la Lune étant sensiblement plus clair. À l'œil nu, on voit une Lune d'une couleur allant de l'orangé au rouge profond (variable selon les éclipses et imprévisible) accompagnée d'une multitude d'étoiles. C'est évidemment magnifique ! Puis le phénomène se déroule en sens inverse : les teintes cuivrées disparaissent à mesure que la Lune sort de l'ombre et retrouve son aspect normal de Pleine Lune. ■

DÉROULEMENT D'UNE ÉCLIPSE TOTALE DE SOLEIL

Le feuillage des arbres qui forme de nombreux sténopés est favorable à la projection d'images rondes du disque solaire. C'est en voyant des croissants lumineux au sol (par exemple à droite de la photo, à mi-hauteur) pendant les éclipses que l'on s'en rend compte.

Comment se déroule une éclipse totale de Soleil ? La Lune qui glisse lentement dans le ciel commence par oblitérer le disque solaire. Le Soleil étant aveuglant, la Lune est encore invisible. La luminosité totale du Soleil diminue, lentement au début, puis de plus en plus vite à mesure que le Soleil se réduit à un croissant. Le paysage est incroyable : les ombres sont très nettes comme lors d'une journée ensoleillée normale, mais justement, c'est la luminosité qui est tout à fait anormale. Dans cette pénombre, la perception des couleurs est estompée et le paysage revêt un aspect étrange, extraterrestre. Les observateurs sont tendus, comme effrayés par cette étrange vision. Les animaux se préparent pour se coucher comme si la nuit arrivait : les oiseaux sifflent, les hirondelles tournoient dans le ciel, les insectes s'agitent.

Regardez les ombres de près, car elles ont un aspect particulier correspondant à la « phase » du Soleil. Quand il n'est plus qu'un croissant, les planètes apparaissent dans un ciel bleu sombre. D'abord Vénus, puis Jupiter, Saturne. On peut même voir les étoiles les plus brillantes si le ciel est suffisamment transparent.

L'œil de ce lapin en ombre chinoise a la forme d'un gros croissant de Soleil. Sans éclipse solaire, cet œil serait rond !

Maintenant, il fait frais, car le Soleil ne réchauffe plus guère. Le croissant est minuscule et d'un coup, c'est l'obscurité. Pas la nuit noire, mais la variation de lumière est cependant très nette. Dans le ciel, le bord du Soleil qui vient d'être masqué est rouge vif : c'est la chromosphère, la basse atmosphère du Soleil à la couleur rouge caractéristique de l'hydrogène ionisé et où les protubérances solaires prennent naissance. Rapidement, ce liseré rouge disparaît et notre œil, qui s'habitue à l'obscurité, voit de mieux en mieux la couronne solaire : elle forme une splendide aura. Sur les photos du disque noir de la Lune, il est possible de distinguer la pâle lumière cendrée.

3 minutes après la fin de la totalité, Vénus est encore bien visible non loin de l'horizon. Notez le halo autour du Soleil, apparu grâce aux cirrus qui emplissent le ciel.

Hélas, le bord opposé du Soleil se teinte de rouge, signe que la fin de la totalité est proche. Soudain, un grain de lumière aveuglant issu du disque solaire perce grâce à une vallée lunaire, puis deux, puis trois, puis c'est finalement un croissant aveuglant qui réapparaît. Il est grand temps de remettre ses lunettes. Tout s'est si vite passé ! La luminosité remonte, chassant une à une les étoiles et les planètes. L'air se réchauffe à peine que vous songez déjà à la prochaine éclipse. ■

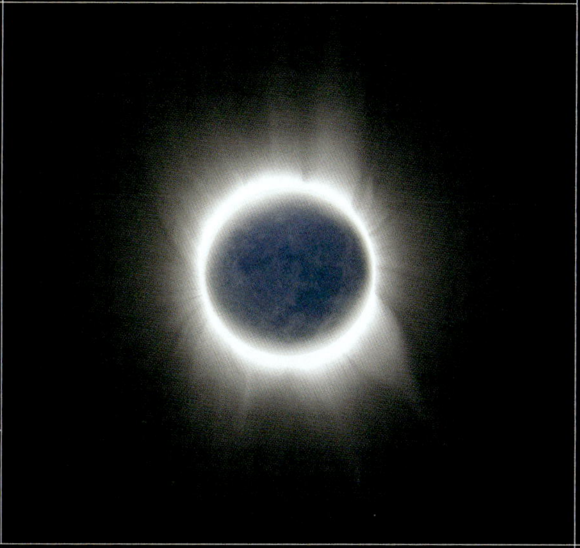

La lumière cendrée (voir chapitre « Le clair de Terre » p. 166) est visible lors d'une éclipse totale de Soleil, car tout un hémisphère terrestre réfléchit la lumière du Soleil. Son observation reste cependant délicate, car le contraste entre la forte luminosité de la couronne et celle plus faible de la lumière cendrée est élevé. Crédit : Pete Lawrence.

ATMOSPHÈRE : LA GRANDE ILLUSION

L'atmosphère est une mince pellicule de gaz recouvrant la surface de notre planète. Bien qu'épaisse de plusieurs centaines de kilomètres, 99 % de sa masse est concentrée dans les 30 premiers. Elle altère notre perception du ciel en donnant naissance à quelques phénomènes assez fréquents, certains évidents, d'autres plus discrets.

Cette image résume pratiquement à elle seule l'influence de l'atmosphère dans notre perception du ciel : teintes orangées provoquées par la diffusion de la lumière bleue, mirage inférieur au ras de la mer ainsi qu'un discret liseré vert au sommet du Soleil.

VISIBLE	FRÉQUENT	QUAND ?	TOUT LE TEMPS
		OÙ ?	PEU IMPORTE

LE CIEL EST BLEU !

OUI, MAIS POURQUOI ?
PARCE QUE LE SOLEIL COUCHANT EST ORANGE !

LA LUMIÈRE DU SOLEIL EST DITE « BLANCHE ». CE BLANC EST EN RÉALITÉ UN MÉLANGE DE COULEURS, CHACUNE ASSOCIÉE À UNE LONGUEUR D'ONDE DONNÉE (L'INTERVALLE QUI SÉPARE DEUX « VAGUES » DE LUMIÈRE). DANS LA LUMIÈRE BLANCHE, ON TROUVE DONC, PAR ORDRE DE LONGUEUR D'ONDE DÉCROISSANTE, DU ROUGE, DE L'ORANGE, DU JAUNE, DU VERT, DU BLEU, DE L'INDIGO, ET DU VIOLET. LES MOLÉCULES DE L'AIR FILTRENT LES COMPOSANTES DE LA LUMIÈRE BLANCHE SELON LEUR LONGUEUR D'ONDE. LE BLEU, ASSOCIÉ À UNE PETITE LONGUEUR D'ONDE, EST PLUS FACILEMENT INTERCEPTÉ PAR LES MOLÉCULES DE L'AIR QUE LE ROUGE : IL FAUT IMAGINER LES MOLÉCULES DE L'AIR COMME DE PETITES HAIES QUE LA LUMIÈRE ROUGE ENJAMBERAIT PLUS AISÉMENT DU FAIT DE SA GRANDE LONGUEUR D'ONDE, TANDIS QU'ELLES SERAIENT À PEU PRÈS INFRANCHISSABLES POUR LA LUMIÈRE BLEUE. TOUTEFOIS, LA MOLÉCULE QUI A INTERCEPTÉ LE RAYON DE LUMIÈRE BLEUE NE LE CONSERVE PAS : ELLE LE RENVOIE DANS N'IMPORTE QUELLE DIRECTION, JUSQU'À CE QU'IL REBONDISSE DE NOUVEAU SUR UNE AUTRE MOLÉCULE. C'EST CE QUE LES PHYSICIENS APPELLENT LA « DIFFUSION ». LE BLEU ÉTANT, DU FAIT DE SA FAIBLE LONGUEUR D'ONDE, BEAUCOUP PLUS DIFFUSÉ QUE LE VERT, LE JAUNE OU LE ROUGE, C'EST LUI QUI DONNE AU CIEL SA COULEUR DE FOND.

LORSQUE LE SOLEIL SE LÈVE OU SE COUCHE, NOUS EN SOMMES SÉPARÉS PAR UNE ÉPAISSEUR D'ATMOSPHÈRE BEAUCOUP PLUS GRANDE QU'À LA MI-JOURNÉE. EN CONSÉQUENCE, UNE GRANDE PARTIE DES RADIATIONS BLEUES ONT DÉJÀ ÉTÉ DIFFUSÉES EN AMONT DANS L'ATMOSPHÈRE. SEULE UNE PARTIE DES RADIATIONS ROUGES ET ORANGE ONT PU SE FRAYER UN CHEMIN JUSQU'À NOUS. C'EST LA RAISON POUR LAQUELLE LE CIEL SE PARE DE TEINTES ROUGE-ORANGÉ À L'AUBE ET AU CRÉPUSCULE.

Nous avons vu qu'un filtre polarisant permet de renforcer le bleu de la partie du ciel située à 90° du Soleil. Mais si le filtre est utilisé avec un objectif grand-angle, l'image comprendra également des portions de ciel beaucoup moins polarisées, qui apparaîtront donc d'un bleu nettement moins vif.

CONSEILS PHOTO

Pour obtenir un ciel bien bleu, il est possible d'utiliser un filtre polarisant. Ce filtre ne va laisser passer que les ondes lumineuses se propageant selon un même plan d'oscillation : il en résultera ce qu'on appelle de la lumière polarisée. Il se trouve que la lumière diffusée par les molécules de l'air est polarisée, et que la bande de ciel bleu située à 90° du Soleil est celle où l'effet de polarisation sera le plus sensible. Convenablement orienté, le filtre polarisant va donc permettre de recueillir de façon privilégiée ce bleu polarisé, tout en soustrayant une bonne partie de la lumière blanche peu ou pas polarisée. Un filtre anti-UV, qui protège efficacement et à bas prix les objectifs, peut aussi éliminer une partie de la lumière diffusée par la brume et renforcer le bleu du ciel.

Le ciel est bleu car les molécules composant l'air diffusent plus efficacement la lumière bleue que toute autre couleur. Ainsi, quelle que soit la direction où notre regard se porte, notre œil est inondé de lumière majoritairement bleue.

LE CIEL EST BLEU !

Notre atmosphère est essentiellement composée de molécules de diazote et de dioxygène. Frappées par la lumière blanche du Soleil, ces molécules, d'une taille inférieure à 0,1 nanomètre (nm), vont agir comme autant de minuscules diffuseurs, mais avec une intensité fonction de la longueur d'onde du rayonnement incident : la diffusion sera d'autant plus forte que la longueur d'onde est faible, dans un rapport inversement proportionnel à la puissance 4 de la longueur d'onde. C'est ce que les physiciens appellent la diffusion de Rayleigh, du nom du physicien anglais qui l'a théorisée.

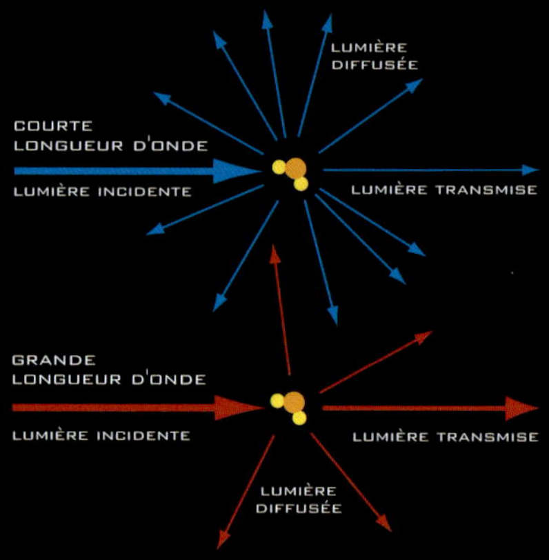

La diffusion de Rayleigh diffuse plus fortement la lumière bleue que la rouge.

Ainsi la lumière rouge (d'une longueur d'onde de l'ordre de 650 nm) sera peu diffusée, la lumière verte (550 nm) un peu plus, et la lumière bleue (450 nm) beaucoup plus, ce qui donnera au ciel sa couleur bleue caractéristique. Pourquoi le ciel ne nous apparaît-il pas violet, qui est la couleur visible présentant la plus petite longueur d'onde ? C'est tout simplement parce que les cellules de notre rétine capables de distinguer les couleurs (les cônes) sont infiniment plus sensibles au bleu qu'au violet.

Les aérosols, les particules en suspension dans l'atmosphère, diffusent uniformément la lumière blanche sans privilégier une composante particulière. Aussi, si le ciel est poussiéreux ou humide, il blanchira. Sur cette image, le ciel est plus bleu près du zénith qu'à proximité de l'horizon, où la couche d'air est concentrée en aérosols (ici essentiellement des embruns).

Le ciel au Soleil couchant est rouge-orangé car les rayons bleus ont été massivement diffusés au cours de la traversée de l'atmosphère.

Toutefois le ciel est rarement d'un bleu intense. Il est souvent bleu pâle. Cela dépend de la quantité d'aérosols (particules en suspension) contenue dans l'atmosphère. Ces aérosols, cette fois sensiblement plus gros que la longueur d'onde des couleurs visibles, diffusent également la lumière, mais selon un mécanisme différent, appelé diffusion de Mie, où la lumière est diffusée de façon beaucoup plus uniforme. La lumière blanche reste blanche, donnant au ciel un aspect laiteux. Avec l'altitude, la quantité d'aérosols diminue. C'est donc au sommet des montagnes que vous verrez le ciel le plus bleu et les couchers de Soleil les plus rouges. ■

Les aérosols diffusent la lumière orangée du Soleil levant, donnant cette teinte étrange au ciel matinal.

VISIBLE	FRÉQUENT	QUAND ?	TEMPS FROIDS OU CHAUDS
		OÙ ?	PRÈS DE L'HORIZON

UNE HISTOIRE DE MIRAGES

TROMPÉS PAR L'ATMOSPHÈRE

PARFOIS, LES ÎLES FLOTTENT, LE SOLEIL FOND DANS LA MER OU LES RELIEFS SEMBLENT SE RÉFLÉCHIR DANS LE CIEL. CES PHÉNOMÈNES QUI DISTORDENT LE RÉEL SONT APPELÉS MIRAGES.

NE CONFONDEZ PAS HALLUCINATION ET MIRAGE. SI UNE HALLUCINATION EST QUELQUE CHOSE QUE VOTRE CERVEAU CROIT VOIR ALORS QU'ELLE N'EXISTE PAS, UN MIRAGE EST EN REVANCHE L'IMAGE DÉFORMÉE D'UN OBJET QUI EXISTE VRAIMENT ! LA PREUVE, C'EST QU'ON PEUT LE PHOTOGRAPHIER. ON DISTINGUE PRINCIPALEMENT DEUX TYPES DE MIRAGES, LES INFÉRIEURS ET LES SUPÉRIEURS, SELON LA POSITION DU MIRAGE PAR RAPPORT À L'OBJET DONT IL EST L'IMAGE DÉFORMÉE. VOUS AVEZ DÉJÀ VU DES MIRAGES INFÉRIEURS : LES PLUS COMMUNS SONT CES « FLAQUES D'EAU » QUI SEMBLENT RECOUVRIR LA SURFACE DES ROUTES SURCHAUFFÉES PAR UN RADIEUX SOLEIL D'ÉTÉ, ET QUI SONT EN FAIT L'IMAGE DÉFORMÉE DU CIEL.

CONSEILS D'OBSERVATION

Les mirages sont des phénomènes qui se déroulent toujours près de l'horizon, si ce n'est au ras de l'horizon. Pour les apercevoir, il faut donc d'une part avoir accès à l'horizon et d'autre part se mettre dans des conditions favorables à leur apparition. Les premiers frimas de l'automne sont par exemple favorables aux mirages inférieurs. La mer n'est pas encore froide, environ 15 °C le long des plages, alors que certaines matinées sont très fraîches, proches de 0 °C. Ainsi, des rivages éloignés semblent parfois flotter dans le ciel du fait d'un mirage inférieur.
En été, au cours des journées les plus chaudes, l'air est à des températures bien plus élevées que l'eau, d'où l'apparition de mirages supérieurs. Hélas, ces journées étouffantes sont généralement brumeuses, au contraire des matinées fraîches d'automne ou d'hiver.

CONSEILS PHOTO

Les mirages ne sont pas des phénomènes très étendus verticalement, de sorte qu'il est judicieux de sélectionner la plus longue focale possible. De fait, au-dessous de 200 mm, les résultats peuvent s'avérer décevants. Photographier ce type de phénomène ne présente par ailleurs pas de difficulté.

On coule ! Non, rassurez-vous, c'est un mirage. En photographiant l'île aux Moutons (archipel des Glénan, Finistère) depuis le haut de la plage (à environ 5 m d'altitude) puis en me dirigeant vers le rivage, l'île a disparu progressivement car l'horizon remontait à mesure que je m'approchais du niveau de la mer. Dans le même temps, le mirage inférieur, qui donnait l'impression que l'île flottait au-dessus de l'océan, était de plus en plus manifeste.

UNE HISTOIRE DE MIRAGES

Par temps clair et froid, l'aspect de la côte est étrange, comme si elle était constituée d'îlots flottant dans les airs. C'est une manifestation du mirage inférieur.

Dans le vide, un rayon lumineux se déplace en ligne droite. Dans l'atmosphère terrestre, sa trajectoire est altérée par l'indice optique de l'air qui dépend de sa température et de sa densité.

Un mirage apparaît lorsque la température de l'air varie fortement en fonction de l'altitude. L'explication est simple : l'indice optique varie en fonction de la température de l'air. Plus l'air est froid, plus l'indice est élevé et plus la lumière est déviée (le terme scientifique est « réfractée »). Ainsi, deux cas de figure se présentent : l'air est chaud près du sol et refroidit rapidement avec l'altitude, conditions favorables à l'apparition d'un mirage inférieur, ou bien l'air est froid près du sol puis se réchauffe rapidement avec l'altitude, conditions favorables à l'apparition d'un mirage supérieur.

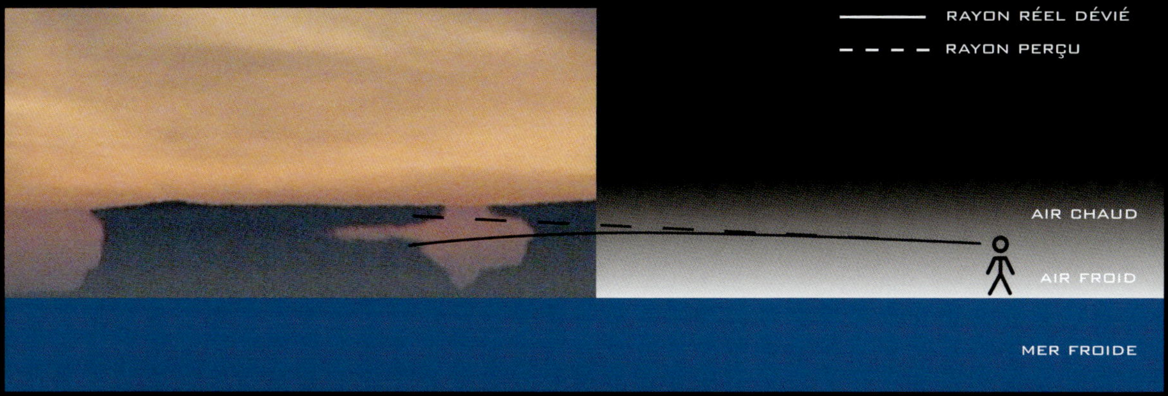

Si l'on trace le trajet de la lumière, on s'aperçoit qu'il est recourbé dans les deux cas. Dans le cas du mirage supérieur, la courbe est convexe et l'on voit au-dessus de l'horizon une sorte de reflet (bien que cela n'en soit pas un à proprement parler) des reliefs situés à l'horizon.

Dans le cas du mirage inférieur, la courbe est concave et l'on voit juste sous l'horizon une sorte de reflet des reliefs situés au-dessus de l'horizon.

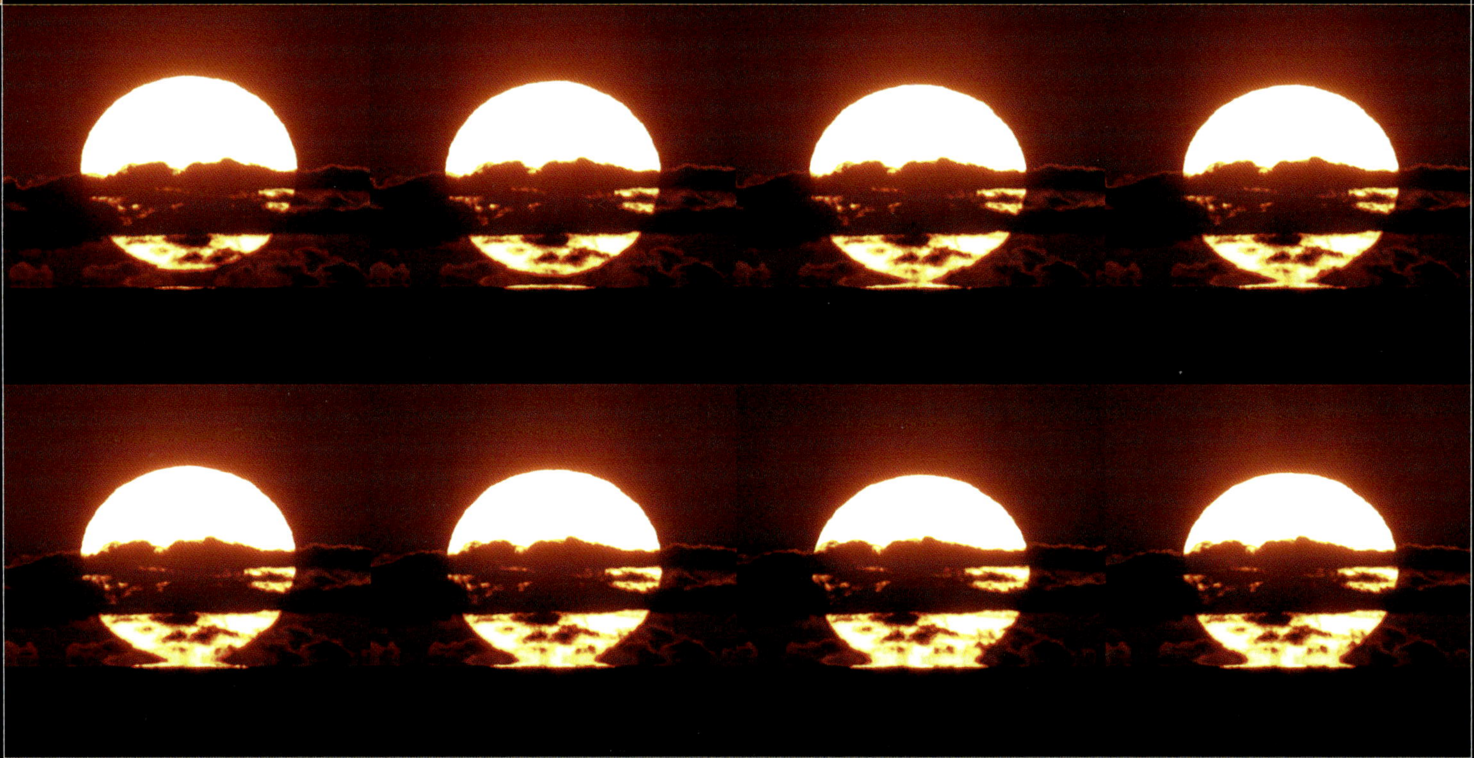

Le Soleil est victime d'un mirage inférieur : une flaque lumineuse (le mirage) apparaît à la surface de l'eau. Le Soleil finit par la toucher et prend la forme d'un oméga majuscule, la lettre grecque Ω.

...

C'est un mirage inférieur qui se produit lorsque le bitume d'une route est surchauffé par un soleil d'été. Le goudron est très chaud et réchauffe l'air à son contact. Mais à mesure que l'on s'élève, l'air refroidit. Ainsi, la lumière venant du ciel semble se réfléchir au ras de la route lorsqu'on la regarde au loin. Ces taches bleu-clair (qui sont donc des images du ciel) ressemblent à des flaques d'eau que l'on ne peut jamais atteindre, puisqu'en s'en approchant, notre ligne de vision se fait moins tangente à la route et le mirage disparaît pour réapparaître plus loin. On retrouve le même type de mirage inférieur quand un océan est recouvert d'une couche d'air plus froide que l'eau.

Un mirage inférieur donne l'impression que les objets se reflètent, car la lumière courbée par la variation de température de l'air crée une image inversée aux pieds de ces objets.

L'air est relativement chaud à la surface de la mer froide du Vestfjorden (Norvège) située au niveau du cercle arctique. Il n'est pas étonnant de voir apparaître un mirage supérieur au sommet des reliefs proches de Bodø qui bordent la mer. Crédit : Wim van Bochoven, Pays-Bas.

Au contraire (photo ci-dessus), lorsqu'une couche d'air chaud flotte au-dessus d'une étendue froide, comme un océan froid ou un champ de glace, c'est un mirage supérieur qui peut se produire. Au loin, les reliefs sont comme dupliqués et collés tête-bêche aux vrais reliefs. Les montagnes revêtent une silhouette que la géologie ne saurait expliquer. En revanche, ce type de mirage n'est pas systématiquement à l'envers. Cela dépend de la variation de température en fonction de l'altitude, ainsi que de la distance de l'objet observé. ...

...

Toutefois, il existe d'autres types de mirages que les mirages inférieurs et supérieurs. Citons par exemple les « faux mirages » qui apparaissent à la faveur d'une couche d'inversion thermique – une couche d'air dans laquelle la température augmente avec l'altitude, surmontée d'une couche normale où la température décroît avec l'altitude – ou encore les mirages au sommet des nuages résultant d'une telle inversion. Des rayons verts formés par ce dernier type de mirage sont visibles dans le chapitre suivant « Le ciel est un prisme » p. 84.

Ce phénomène n'est pas à proprement parler un mirage inférieur, car il ne se produit pas au niveau de l'horizon. Il s'agit d'un faux mirage provoqué par une couche d'inversion thermique.

La Lune est à peine à plus d'un degré de hauteur. Un drôle d'accent circonflexe apparaît à son sommet. C'est ce que les scientifiques appellent un faux mirage.

L'aspect très particulier de ces hauts sommets lointains est le résultat d'une succession de mirages inférieurs et supérieurs. C'est une Fata Morgana que les observateurs des temps jadis avaient bien du mal à comprendre. Crédit : Vincent Jacques.

Indiscutablement, de tous les mirages, c'est la Fata Morgana qui est la manifestation la plus étonnante. Ce mélange de mirages inférieurs et supérieurs peut faire naître des horizons surnaturels, donnant par exemple à une côte lointaine l'aspect d'une cité gigantesque emplie de palais aux tours vertigineuses. Le nom de Fata Morgana, qui signifie en latin « Fée Morgane », fait d'ailleurs référence au palais marin de la célèbre fée des légendes celtiques, les témoins d'une Fata Morgana croyant assister à son apparition.

Sur cette photo, le Soleil est déjà couché. Grâce à la variation de la densité de l'air dans l'atmosphère, il demeure cependant visible, car ses rayons lumineux sont courbés et nous parviennent encore.

...

Remarque : c'est un phénomène comparable au mirage supérieur qui nous permet de voir le Soleil alors qu'il est déjà couché ! Ce phénomène est la réfraction atmosphérique : l'air est dense (comme s'il était froid) au niveau du sol et devient plus ténu (comme s'il était chaud) avec l'altitude, de sorte qu'il rabat les rayons lumineux vers le sol. Ainsi, lorsque vous voyez le bord inférieur du Soleil toucher l'horizon, il est en fait déjà entièrement couché, mais la réfraction atmosphérique courbe ses rayons lumineux qui nous parviennent toujours. C'est donc grâce à l'atmosphère que nous jouissons quotidiennement de quelques minutes de Soleil en plus.

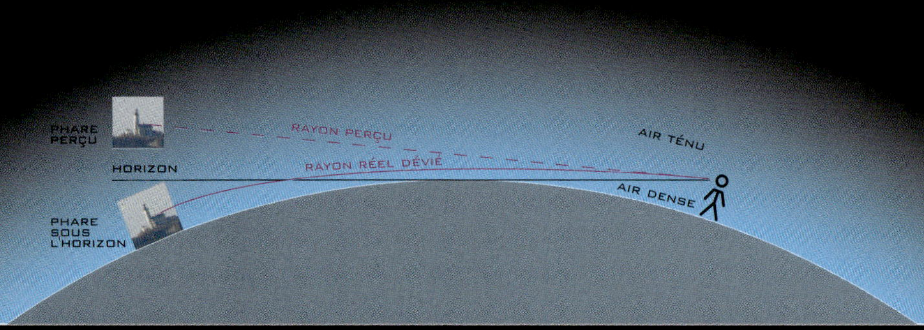

Sans l'atmosphère de la Terre, il serait impossible de bien voir la Corse depuis la Côte d'Azur. Par temps très clair (sans poussière, pollen et surtout brume), elle est facilement visible. Crédit : Vincent Jacques.

C'est ce même phénomène de réfraction atmosphérique qui fait que la Corse est visible par temps très clair depuis la Côte d'Azur. Normalement, elle serait invisible, cachée derrière l'horizon à cause de la rotondité terrestre, mais la réfraction nous permet de l'admirer. ■

VISIBLE	FRÉQUENT	QUAND ?	AU LEVER OU AU COUCHER DU SOLEIL
		OÙ ?	LIEU POURVU D'UN HORIZON DÉGAGÉ

LE CIEL EST UN PRISME

QUAND L'ATMOSPHÈRE SE PREND POUR UN PRISME

LE RAYON VERT EST UN PHÉNOMÈNE DISCRET. SI PEU DE GENS L'OBSERVENT AU COURS DE LEUR VIE QU'IL POURRAIT PRESQUE PASSER POUR UN MYTHE. IL N'EN EST RIEN : LORSQUE CERTAINES CONDITIONS SONT REMPLIES, IL N'EST PAS SI DIFFICILE À VOIR !

LORSQUE LE SOLEIL SE LÈVE OU SE COUCHE, IL ARRIVE QUE SES DERNIERS RAYONS SOIENT VERTS : IL ÉMET EN EFFET UNE SORTE DE FLASH APPELÉ « RAYON VERT ». MUNI DE JUMELLES, IL EST POSSIBLE D'OBSERVER AU SOMMET DU SOLEIL LE LISERÉ VERT À L'ORIGINE DES DERNIERS RAYONS, AVANT QUE L'ASTRE NE DISPARAISSE ENTIÈREMENT. CE N'EST PAS UN PHÉNOMÈNE FRÉQUENT, MAIS LA CHASSE AU RAYON VERT EST PASSIONNANTE ET ENVOÛTANTE – UNE SORTE DE QUÊTE DU GRAAL POUR CERTAINS !

RAPPEL : observer le Soleil peut être dangereux. S'il est éblouissant, ne jamais l'observer à l'œil nu, et encore moins avec un instrument (jumelles ou lunette astronomique). Vous ne risquez rien si le Soleil n'est pas éblouissant.

CONSEILS D'OBSERVATION

Voir le rayon vert au lever du Soleil est difficile, car il faut pointer exactement vers l'endroit où le Soleil apparaîtra, ce qui est loin d'être évident. C'est plus simple lorsqu'il se couche, puisqu'il suffit de le suivre au cours de sa descente.
C'est lorsque le Soleil se couche au ras de la mer que peut apparaître le rayon vert. Il est toutefois rare que l'horizon soit parfaitement dégagé, et des nuages lointains risquent de masquer le Soleil au ras de l'horizon. À l'inverse, si vous êtes plongé dans un vaste anticyclone et que le ciel est bien pur, vous avez toutes les chances de l'observer.
Un phénomène est susceptible de grandement favoriser la visibilité du rayon vert : c'est le mirage inférieur (voir le chapitre précédent « Une histoire de mirages » p. 68). Au bénéfice de ce mirage en effet, le liseré vert est magnifié et durera ainsi un peu plus longtemps.
Un mirage se produit aussi parfois au sommet des nuages grâce à un phénomène d'inversion thermique (la température remonte soudainement alors qu'elle diminuait régulièrement avec l'altitude). C'est donc au moment où le Soleil va disparaître derrière un nuage que vous aurez le plus de chance de voir un rayon vert (car le Soleil n'est pas trop bas), mais mieux vaudra vous munir au moins de jumelles.

CONSEILS PHOTO

Pour capturer un rayon vert, l'idéal est de travailler à grande focale. La plupart des photos de cette partie ont été prises avec un Canon 350D au foyer d'une lunette de 80 mm de diamètre et de 480 mm de focale. Une focale de 1 m est utilisable, mais au-delà, le Soleil sera à l'étroit dans le cadre !
Quand les conditions atmosphériques sont propices à l'apparition d'un rayon vert, le Soleil est très lumineux, même près de l'horizon. Je vous recommande donc de fabriquer un diaphragme à placer à l'avant du tube optique, voire d'interposer un filtre obscurcissant sur le trajet optique. De fait, même en réglant la sensibilité au minimum (100 ou 200 ISO) et en privilégiant les vitesses les plus courtes (1/4 000 ou 1/8 000 s), le disque solaire est souvent surexposé avec pour conséquence un halo rouge disgracieux entourant le disque solaire. ...

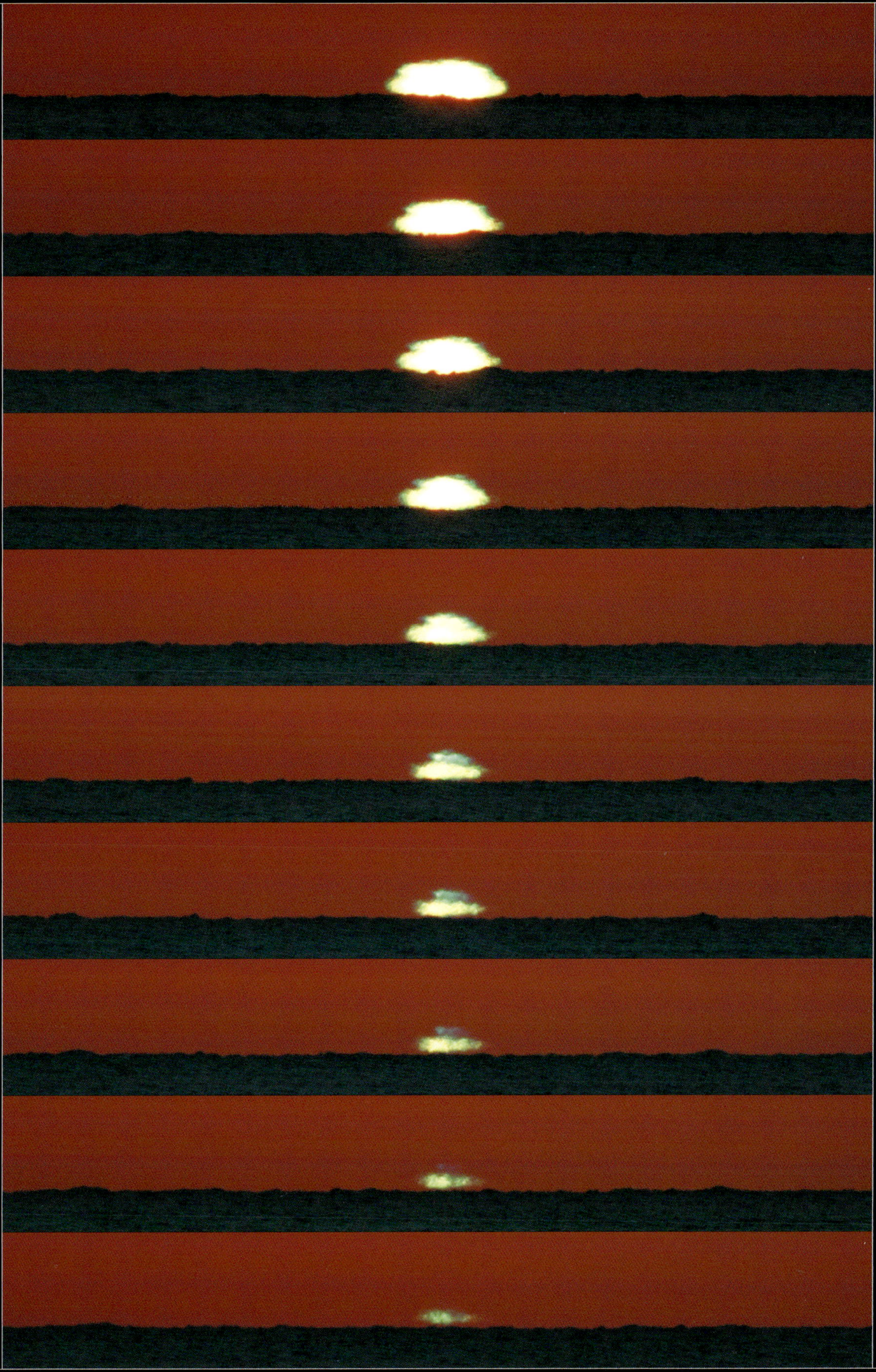

Le Soleil est très bas, mais il est encore éblouissant, gage de l'exceptionnelle transparence du ciel. Un mirage inférieur confère au sommet du Soleil une forme de lentille, qui met en valeur le rayon vert. Sur ces poses séparées d'une seconde les unes des autres, les variations d'aspect sont très rapides. Le mode rafale de l'APN est indispensable pour ne rien rater du phénomène.

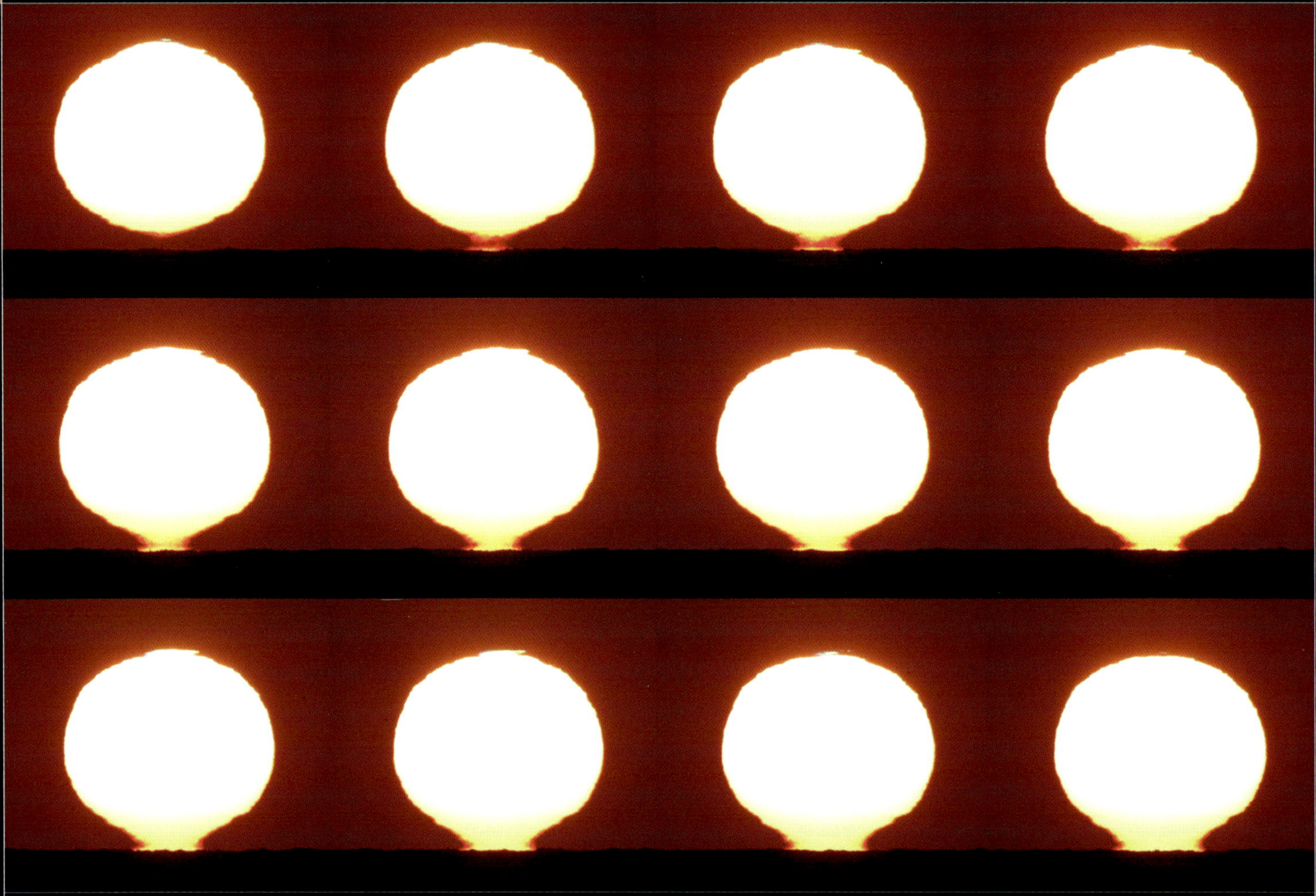

Au moment où le fin liseré vert est modifié par le mirage, il voit ses dimensions verticales amplifiées, ce qui favorise l'observation du rayon vert. Ici, la forme du bord inférieur du Soleil révèle qu'un mirage inférieur est présent, et qu'un beau rayon vert pourrait être visible. Ce sera le cas (voir p. 79).

CONSEILS PHOTO (SUITE)

...

Méfiez-vous aussi de l'histogramme : il effectue une moyenne des trois couleurs rouge, vert et bleu. Or le Soleil émet beaucoup plus de rouge que de vert ou de bleu. Les photosites rouges risquent de ce fait de saturer sans que l'histogramme (la moyenne donc) ne vous alerte. En conséquence, pouvoir surveiller la surexposition des photosites rouges à l'aide d'un histogramme en trois couleurs est un atout précieux (cette possibilité est offerte sur les Canon 400D, et 20D à 40D).

L'apparition du liseré vert est souvent très brève, de sorte qu'il est recommandé de régler l'appareil photo sur le mode rafale. Cependant, plutôt que de déclencher frénétiquement, scrutez les couches d'inversion thermique qui se caractérisent par des hachures le long du bord solaire. Lorsque le sommet du Soleil traversera ce type de couche, le liseré vert a de bonnes chances d'être magnifié par un phénomène de mirage (appelé faux mirage lorsqu'il ne se produit pas à l'horizon) et ainsi être bien visible, donc aisé à photographier. En bref, surveillez le Soleil à travers le viseur et déclenchez la série de poses juste avant la traversée de cette couche, afin de ne pas saturer la mémoire tampon de votre appareil photo.

Faites de même deux secondes avant que le Soleil ne soit sur le point de disparaître. L'image étant peu détaillée, le fichier JPG sera léger et la mémoire tampon pourra sans doute contenir davantage de photos qu'à l'accoutumée, soit plus de 10 s de rafale en continu au rythme de 3 images par seconde.

Pour obtenir les teintes les plus proches de la réalité, optez pour une balance des blancs réglée en mode « nuage ». Ici, nous ne pouvons pas utiliser le mode RAW, sous peine de saturer rapidement la mémoire lors de la rafale.

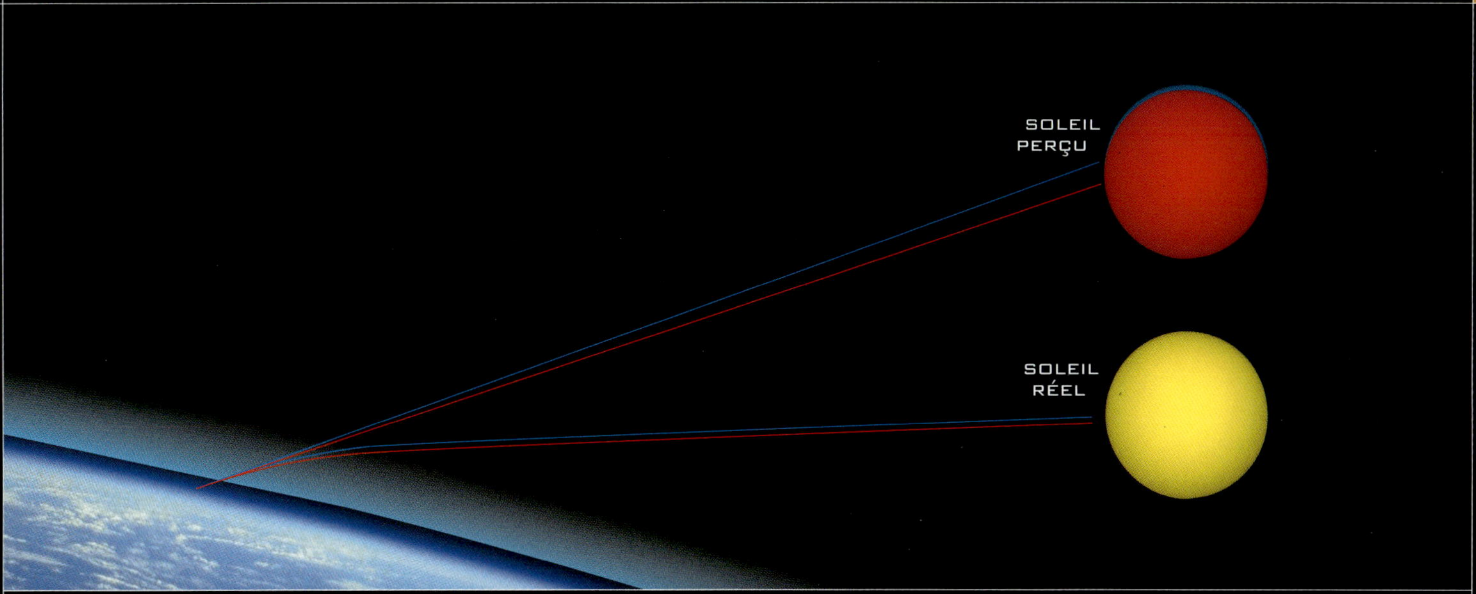

Lorsque le Soleil se couche, ses rayons lumineux sont plus ou moins déviés en fonction de leur couleur. En observant l'astre du jour, vous verrez alors un disque solaire rouge bien brillant (le rouge est peu diffusé par l'atmosphère) surmonté d'un disque verdâtre moins lumineux, puis d'un disque bleuté encore plus discret (le bleu est bien plus diffusé). Généralement, ce disque bleuté est invisible, car la lumière bleue est si diffusée par l'atmosphère qu'elle ne parvient pas jusqu'à notre œil. Pour finir, vous verrez un disque rouge brillant surmonté d'un liseré vert plus pâle.

L'atmosphère de la Terre est dense au niveau de la mer, mais décroît à mesure que l'altitude s'accroît. C'est parce qu'elle est inhomogène que l'atmosphère de la Terre peut être assimilée à un prisme décomposant (on dit « réfractant ») la lumière. Il reste que cette décomposition est faible et se manifeste surtout pour les astres proches de l'horizon. Ainsi, lorsque le Soleil se lève ou se couche, sa lumière se voit réfractée : il en résulte une infinité de disques solaires aux couleurs de l'arc-en-ciel, très proches les uns des autres et se superposant en grande partie.
Lorsque le Soleil se couche ou se lève, il est donc possible de voir le disque solaire rouge ourlé en son sommet d'un liseré vert (bien que si l'atmosphère est trop agitée, ce liseré se mélange au disque vert et devient invisible). L'ourlet vert est assez facile à observer à l'aide de jumelles ou d'une petite lunette astronomique. ...

À travers une petite lunette astronomique, un liseré vert et même un bleu sont visibles fugitivement au sommet du Soleil. Le délai entre deux photos est d'à peine 1/3 s, c'est dire si les changements sont rapides.

Le rayon vert est un phénomène très fugitif. Mais si vous observez le Soleil avec des jumelles, voire une longue-vue ou une lunette astronomique, il n'est pas rare de voir le sommet du Soleil se teinter de vert.

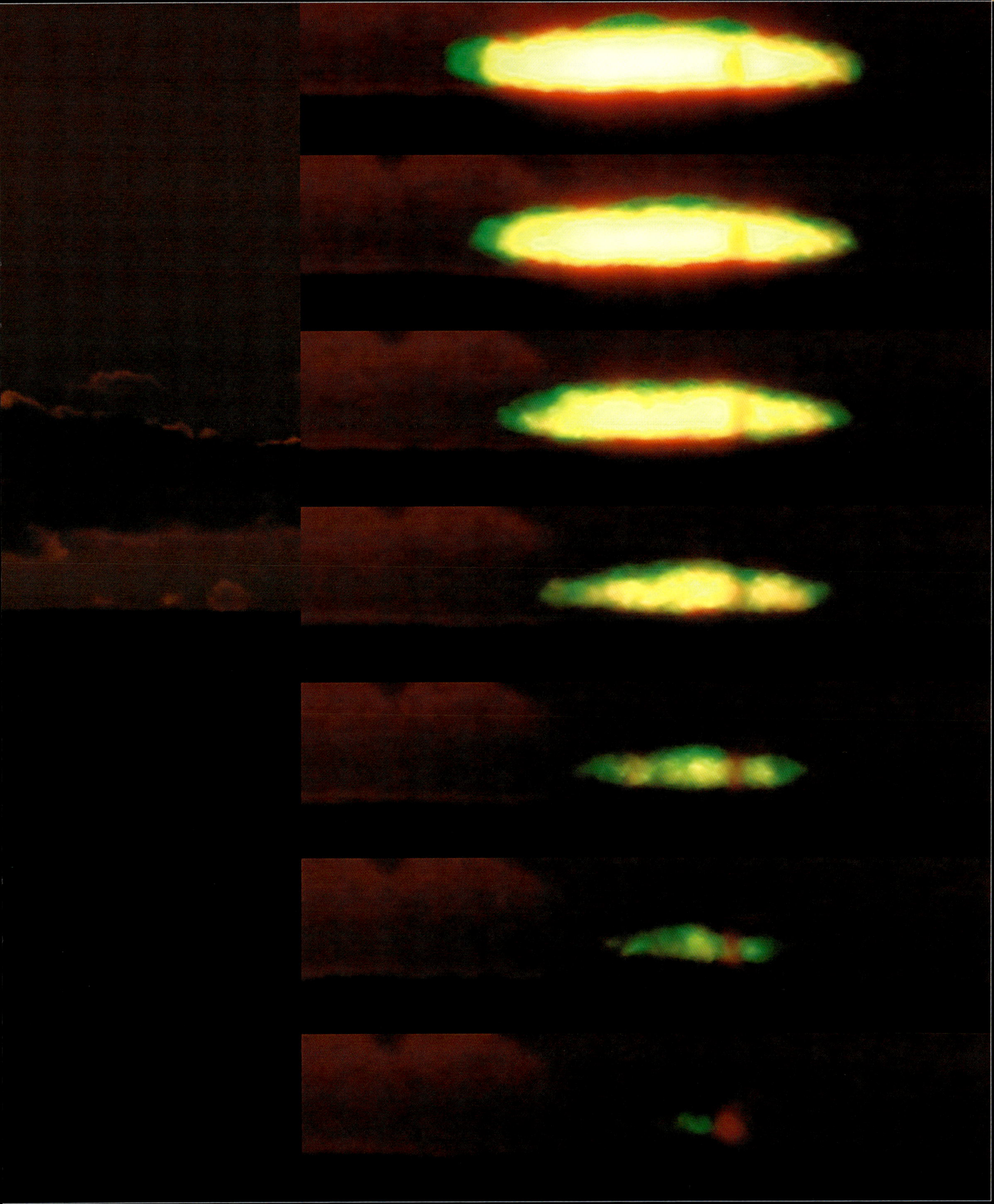

À mesure que le disque jaune-orangé disparaît derrière l'horizon, les zones vertes sont de plus en plus marquées jusqu'au moment où seul le vert subsiste : c'est le rayon vert. Pour cette séquence d'images, un mirage inférieur affectant le Soleil et les nuages collés à l'horizon a favorisé l'apparition du rayon vert.

LE CIEL EST UN PRISME

Remarquez la discrète zone bleutée (plus facilement visible dans la partie agrandie) située entre le disque solaire et le fond du ciel. Pour contempler un tel rayon bleu, il faut un ciel particulièrement pur, surtout si près de l'horizon.

...

Au moment où le disque rouge du Soleil passe sous l'horizon (ou juste avant qu'il n'en émerge, si le Soleil se lève) et que seul le liseré vert est encore visible, le Soleil émet une lumière verte, très brève, un flash de deux secondes tout au plus.

Si l'atmosphère est particulièrement pure, et si le Soleil est masqué à quelques degrés au-dessus de l'horizon par un obstacle (une montagne ou même un nuage), le disque bleu peut être visible et un rayon bleu apparaît. Mais il sera de toute manière moins intense que le rayon vert, car le bleu est fortement filtré (par diffusion du bleu, voir le chapitre « Le ciel est bleu ! » p. 64) au cours de sa traversée de l'atmosphère.

Le rayon vert n'est pas l'apanage du seul Soleil. Il peut apparaître avec la Lune bien qu'il soit alors illusoire de l'apercevoir au ras de l'horizon. Il faudra donc attendre que la Lune traverse une couche d'inversion thermique pour espérer repérer un liseré vert, voire un petit chapeau vert au sommet de la Lune. Dans ce cas, un liseré rouge devrait être visible juste en dessous de la Lune, liseré d'autant plus franc que le disque sélène sera globalement orange clair.

Il est possible d'observer un rayon vert lunaire. Ici, un discret liseré vert est visible au sommet du disque lunaire, coiffé d'un chapeau provoqué par un faux mirage. Dans le même temps, un liseré rouge apparaît à l'extrémité inférieure de la Lune.

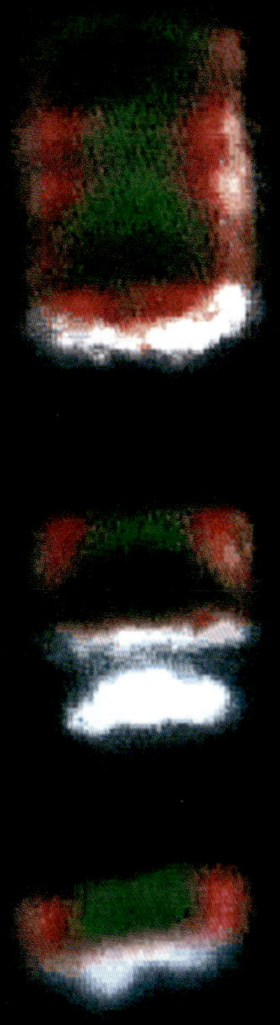

C'est pour la même raison que les étoiles brillantes ou les planètes comme Vénus ont un aspect tricolore lorsqu'elles sont proches de l'horizon : bleu en haut, blanc (mélange de toutes les couleurs) au centre et rouge en bas.

Remarque : lorsque le Soleil se couche, le paysage et le ciel se teintent de rouge. Pour compenser cet excès de rouge, l'œil refait sa « balance des blancs » (qui lui permet de voir en blanc un objet réellement blanc) et voit ainsi plus vert et bleu qu'en temps normal. Nous avons donc tendance à voir un rayon vert, alors qu'il ne s'agit que d'un rayon jaune – ou encore un rayon bleu alors qu'il n'est que vert.
Il m'est arrivé maintes fois de voir un rayon bleu à travers le viseur de mon appareil photo, alors que le cliché ne révélait *in fine* qu'un beau rayon vert. L'appareil reste objectif ! ■

Lorsqu'un astre brillant (ici Vénus) quasi ponctuel se lève ou se couche, les différents disques colorés dus à la réfraction de la lumière par l'atmosphère se superposent, conférant à l'objet un aspect tricolore. Ces trois extraits d'une vidéo montrent la forme et les couleurs surprenantes que prend Vénus lorsqu'elle se lève. Crédit : Alain Maury.

LE CIEL DANS UNE GOUTTE D'EAU

En pénétrant dans des gouttes d'eau liquide (de la pluie) ou des cristaux d'eau solide (de la glace), la lumière se décompose en une infinité de couleurs et nous offre des spectacles aussi somptueux qu'étonnants de diversité. Empruntons à notre tour le trajet de la lumière pour découvrir les transformations qu'elle subit et les phénomènes lumineux qui en découlent.

Les halos solaires comptent parmi les phénomènes lumineux les plus faciles à observer. Levez fréquemment les yeux en direction du ciel et vous serez surpris du nombre de phénomènes qui s'y déroulent.

VISIBLE	FRÉQUENT	QUAND ?	LE SOLEIL NE DOIT PAS ÊTRE TROP HAUT (MOINS DE 41°)
		OÙ ?	PEU IMPORTE

L'ARC-EN-CIEL

QUAND PLUIE ET LUMIÈRE FONT LA ROUE

IL ÉMERVEILLE LES ENFANTS ET ÉMEUT LES POÈTES. POUR CERTAINS, C'EST LA PROMESSE D'UN AVENIR RADIEUX. POUR TOUS, L'ARC-EN-CIEL EST UN BIEN AGRÉABLE MÉTÉORE QUI ÉGAIE LE CIEL DE SES COULEURS VIVES.

POUR FABRIQUER UN ARC-EN-CIEL, DEUX INGRÉDIENTS SONT NÉCESSAIRES : DES GOUTTES D'EAU ET DE LA LUMIÈRE. LA LUMIÈRE SOLAIRE PÉNÈTRE DANS LA PETITE BOULE D'EAU, SE RÉFLÉCHIT AU MOINS UNE FOIS ET EN RESSORT. MAIS ENTRE-TEMPS, LES DIFFÉRENTES COULEURS SE SONT SÉPARÉES POUR SE RANGER BIEN SAGEMENT LES UNES À CÔTÉ DES AUTRES : ON DIT QUE LA LUMIÈRE BLANCHE (CONTENANT TOUTES LES COULEURS) A ÉTÉ RÉFRACTÉE ET DIFFUSÉE. LES ARCS-EN-CIEL SONT PLUS COMPLEXES QU'IL N'Y PARAÎT ET PEUVENT REVÊTIR D'AUTRES ASPECTS : ARC DE ROSÉE, ARC DE BRUME, ARC-EN-TOILE, ETC.

CONSEILS D'OBSERVATION

Lorsqu'il pleut face à vous et que vous tournez le dos au Soleil (situé à moins de 41° de haut) éclairant les nuages de pluie, vous avez de fortes chances de voir au moins un bout d'arc-en-ciel. Il suffit en effet qu'un nuage fasse de l'ombre localement aux gouttes de pluie pour qu'une partie de l'arc soit invisible.

CONSEILS PHOTO

Le phénomène étant vaste, le grand-angle s'impose, à moins que vous ne cherchiez à photographier un détail particulier. Pour capturer un arc-en-ciel du soir (quand le Soleil est près de l'horizon) en un seul cliché, un objectif fish-eye (de 10 mm de focale au maximum) est recommandé. Pour l'exposition, aucun souci, car qui dit arc-en-ciel dit lumière du jour, sauf pour les arcs-en-ciel nocturnes pour lesquels il faut obligatoirement un trépied, une sensibilité élevée, un diaphragme bien ouvert et au moins une seconde de temps de pose.
Pour la balance des blancs, pas de soucis non plus en plein jour si vous êtes sur la position « soleil ». En revanche, au lever ou au coucher du Soleil, la balance des blancs devra être calée sur « nuages », ou bien vous devrez passer en mode RAW.

De toutes les merveilles engendrées par la lumière, l'arc-en-ciel compte parmi les plus connus. Mais au-delà de sa beauté, il illustre nombre de phénomènes physiques complexes.

Lorsqu'un rayon de Soleil pénètre à l'intérieur d'une goutte d'eau, sa trajectoire s'incurve. C'est ce que les physiciens appellent la réfraction, liée au léger ralentissement que subit la lumière en passant de l'air à l'eau. En faisant subir ce ralentissement à la lumière, la goutte d'eau provoque un autre effet, la dispersion, qui va donner ses couleurs à l'arc-en-ciel.

Les rayons lumineux en provenance du Soleil sont en effet constitués d'un mélange de couleurs. On en cite traditionnellement 7, le violet, l'indigo, le bleu, le vert, le jaune, l'orange, et le rouge, même si en réalité la transition de l'une à l'autre est beaucoup moins marquée que ne pourrait le laisser croire cette énumération. En passant de l'air à l'eau, les rayons associés à ces couleurs ne vont pas être ralentis de la même façon: plus la longueur d'onde associée à la couleur considérée est petite, plus le ralentissement sera fort, et donc la déviation marquée. Le violet, qui est associé à la longueur d'onde la plus courte de la lumière visible, sera ainsi beaucoup plus dévié que le rouge.

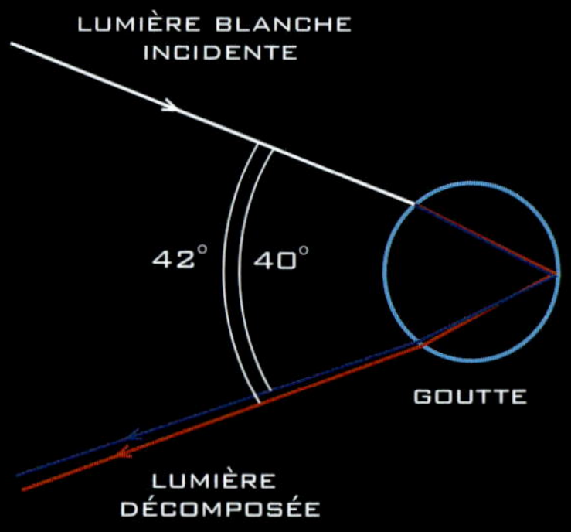

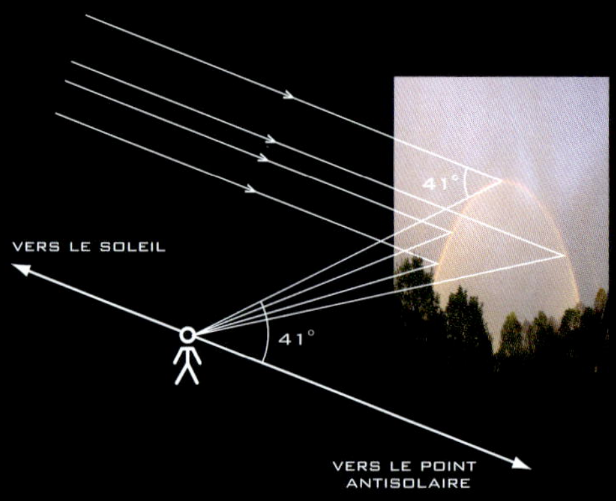

La hauteur d'un arc-en-ciel est inversement proportionnelle à celle du Soleil. Cet arc-en-ciel collé à l'horizon tient à un Soleil d'une hauteur proche de 41° dans le ciel, hauteur limite pour que ce type de photométéore apparaisse.

Une fois dispersés, les rayons n'en poursuivent pas moins leur chemin à travers la goutte, atteignant la paroi opposée sur laquelle ils vont partiellement se réfléchir. Ils finissent par ressortir de la goutte, subissant une nouvelle réfraction qui augmente encore la dispersion des couleurs. Après toutes ces péripéties, les rayons colorés sortent de la goutte d'eau en formant un angle moyen de 41° avec la direction du rayon lumineux initial (40° pour le violet, 42° pour le rouge).

Comment cela se manifeste-t-il en pratique? Si vous regardez en direction du point anti-solaire (c'est-à-dire le point situé à l'exact opposé du Soleil), l'arc-en-ciel dessinera un cercle de 41° de rayon angulaire tout autour de ce point. De ce fait, les arcs-en-ciel du matin et du soir sont très grands, puisque le Soleil étant bas, le sommet de l'arc-en-ciel approche des 41° de haut. Au contraire, au mois de juin en début d'après-midi, le Soleil est très haut dans le ciel et l'arc-en-ciel est situé sous l'horizon. Il faudrait donc être à bord d'un avion ou au sommet d'une montagne pour observer l'arc dans ces conditions.

Généralement, on ne voit pas un cercle complet, mais un arc de cercle au-dessus de l'horizon. Pourquoi ? Parce qu'il faut un grand nombre de gouttes d'eau pour révéler un arc-en-ciel. Or, entre votre œil et le sol situé à quelques dizaines de mètres devant vous, il n'y a que quelques centaines de gouttes qui ne peuvent à elles seules former l'arc-en-ciel, à moins que la pluie ne soit particulièrement forte. En revanche, à partir d'une centaine de mètres, les gouttes situées entre votre œil et le sol sont en général suffisamment nombreuses pour qu'un arc-en-ciel soit visible.

Souvent, l'arc-en-ciel (dit primaire) est accompagné d'un autre arc-en-ciel moins lumineux et contrasté, dont les couleurs sont inversées : c'est l'arc secondaire.

Toutefois, un arc-en-ciel ne se réduit pas à une simple arche lumineuse colorée. Il est possible d'y remarquer différentes caractéristiques. En premier lieu, un arc-en-ciel est rarement seul. Dans des conditions favorables, un autre arc-en-ciel apparaît au-dessus du premier (appelé « arc primaire ») : c'est l'arc secondaire. Ses couleurs (le rouge est plus proche du centre que le violet) sont inversées par rapport à l'arc primaire, car la lumière a subi une double réflexion dans les gouttes. Il en résulte que sa position dans le ciel n'est pas la même – l'angle moyen entre le rayon de lumière blanche incidente et les différents rayons colorés émergents vaut 51° – et il est plus large que l'arc primaire. L'arc secondaire est aussi moins brillant et plus étalé (près de deux fois plus) : à chaque réflexion en effet, une partie de la lumière sort de la goutte, de sorte que seule une faible proportion finit par parvenir à nos yeux. Pour être précis, au total, l'arc secondaire ne représente que 43 % de la luminosité totale de l'arc primaire.

■ ■ ■

Entre l'arc principal et le secondaire, le ciel semble plus sombre : c'est la bande d'Alexandre.

...

Considérons maintenant la région comprise entre les deux arcs. L'intérêt pour cette zone ne date pas d'hier, puisque Alexandre d'Aphrodisias avait déjà remarqué et consigné en 200 avant J.-C. une chose curieuse : la bande ceinte par les deux arcs est plus sombre que le reste du ciel. Pourquoi ? Parce qu'entre 41° (le rayon angulaire moyen de l'arc-en-ciel primaire) et 51° (celui de l'arc secondaire), les gouttes d'eau à l'origine des arcs ne renvoient pas de lumière. Il en découle dans cette étroite portion du ciel un déficit de luminosité, qui contraste singulièrement avec les écharpes colorées à proximité.

En poussant le contraste de l'image, les arcs surnuméraires sont visibles comme une répétition de bandes violettes et vertes. Ils témoignent de la nature ondulatoire de la lumière.

Si vous êtes un observateur attentif, vous aurez sans doute déjà remarqué un autre phénomène. Parfois, juste en dessous de l'arc primaire, sous le violet, une succession de bandes vertes et violettes sont visibles : ce sont les arcs surnuméraires. Sans entrer dans les détails, sachez qu'ils sont dus à des interférences constructives et destructives, signes que la lumière est une onde. Pour que ces arcs surnuméraires soient bien visibles, il faut réunir deux paramètres. Les gouttes doivent être de petite taille et leur diamètre doit être sensiblement le même, condition sine qua non à la formation d'interférences bien ordonnées engendrant une succession nette de bandes de couleurs.

Plus rouge est le Soleil, plus rouge est l'arc-en-ciel qui en résulte. Notez la disparition des teintes bleues et vertes ainsi que le renforcement du rouge sur ces deux photos prises 25 et 5 minutes avant la disparition du Soleil.

Les arcs-en-ciel n'ont pas tous la même couleur. Lorsque le Soleil se lève ou se couche en effet, il est rouge (le bleu, et dans une moindre mesure le vert, ont été diffusés dans l'atmosphère avant de nous parvenir, voir chapitre précédent). De ce fait, si un arc-en-ciel se forme, la lumière à l'origine de son apparition manquera cruellement de bleu et le vert ne sera pas beaucoup représenté non plus. Ainsi, l'arc-en-ciel sera à l'image de la lumière solaire : très rouge et orange, peu de vert et quasiment pas de bleu. ▪▪▪

Cet arc-en-ciel incolore est un arc de brume, formé par les rayons solaires réfractés dans les minuscules gouttelettes d'eau du brouillard.

▪▪▪

Puisque nous parlons de couleurs, il est temps de mentionner qu'il existe des arcs-en-ciel pratiquement sans couleur ! Ce sont les arcs de brume, qui se forment parfois lorsque le brouillard est sur le point de se dissiper et qu'il est éclairé par un franc Soleil. Les gouttes d'eau sont alors minuscules puisqu'elles mesurent entre 0,01 et 0,1 mm de diamètre tandis que les gouttes de pluies dépassent toutes généralement 0,5 mm. Du fait de ces dimensions, la lumière qui entre dans ces gouttelettes est fortement décomposée, provoquant un large recouvrement des différentes couleurs. Ainsi, les couleurs se mélangent pour reformer de la lumière blanche et seuls les bords sont légèrement colorés : rouge pour le bord externe et bleu pour le bord interne. L'arc de brume est bien plus épais que l'arc-en-ciel : jusqu'à 15° contre 1° ! Plus les gouttelettes de brouillard sont petites, plus l'arc de brume est large. Et si ces gouttelettes ont toutes le même diamètre, vous verrez des arcs surnuméraires à l'instar de l'arc-en-ciel.

Voici une autre révélation : les arcs-en-ciel nocturnes existent ! En l'absence de Soleil, ils doivent leur existence à la Lune. Mais pour les observer, la Lune doit être la plus brillante possible, idéalement une pleine Lune, et le ciel non pollué par des lumières parasites (lampadaires, enseignes lumineuses, etc.), idéalement un ciel de rase campagne. Ajoutons à cela qu'il doit pleuvoir et vous comprendrez pourquoi il est bien rare que de tels phénomènes lumineux soient observés !

À l'instar du Soleil, la Lune peut donner naissance à des arcs-en-ciel. Crédit : Pierre-Paul Feyte.

Cet « arc-en-terre » est un arc de rosée formé par les gouttes de rosée déposées sur la végétation.

Il y a encore bien des cas où des arcs colorés sont observables, quoique l'on ne puisse plus parler d'arc-en-ciel. L'arc de rosée en est un exemple. Il est observable le matin après une nuit où la végétation s'est couverte de gouttes de rosée. Tournez le dos au Soleil, face à un champ de plantes à feuilles assez larges (pour que la rosée y ait stagné), et vous verrez apparaître un arc de rosée de 41° de rayon angulaire, dont l'ombre de votre tête (au point antisolaire) est le centre.

■ ■ ■

...

Dans le même registre, l'arc-en-toile se forme lui aussi grâce à la rosée qui se dépose sur les toiles d'araignée. En revanche, ces toiles sont bien moins vastes qu'un champ et n'engendrent que des arcs très courts. Il faut s'en approcher pour s'apercevoir que certaines gouttelettes de rosée ont une couleur bien marquée. Mais si vous faites une photo de la toile d'araignée en réglant la mise au point à l'infini, vous verrez apparaître les couleurs d'un arc-en-ciel. Bien entendu, vous ne devez pas faire d'ombre à la toile et il faudra la regarder selon un angle de 42° par rapport au point antisolaire.

Ce n'est pas tout ! Il existe encore d'autres types d'arc-en-ciel. L'arc-en-ciel par réflexion est de ceux-là : il apparaît lorsque la lumière du Soleil se réfléchit sur un plan d'eau. On voit alors, en plus de l'arc-en-ciel normal, un autre arc-en-ciel moins lumineux situé plus haut dans le ciel. Cette position plus élevée s'explique par le fait que la source lumineuse est le reflet du Soleil sur l'eau, donc une sorte d'astre virtuel situé sous l'horizon. Le point antisolaire de ce soleil virtuel est plus haut dans le ciel que le point antisolaire du vrai Soleil, de sorte que l'arc-en-ciel par réflexion sera plus haut que l'arc-en-ciel normal.

Plus rarement, il arrive que le sommet d'un arc-en-ciel soit comme dédoublé. Les spécialistes ne sont pas encore certains d'en avoir trouvé l'explication, mais il semble que cette particularité tienne à la forme allongée des gouttes de pluie. ■

Les matins de mai à septembre, tournez le dos au Soleil et vous verrez peut-être dans les toiles d'araignée couvertes de rosée de petits arcs colorés. Ce sont des fragments d'arcs de rosée que j'ai baptisés « arcs-en-toile ». Pour les photographier, il vaut mieux complètement rater la mise au point !

Voici une rareté : l'arc-en-ciel par réflexion se produit lorsque le Soleil se réfléchit sur une surface d'eau bien lisse. Il se forme alors un autre arc-en-ciel, plus haut que l'arc-en-ciel normal. Crédit : Terje O. Nordvik - www.useitmedia.com

Tout aussi rare : un arc-en-ciel dédoublé. Il se formerait lorsque les gouttes de pluie sont allongées.
Crédit : Eva Seidenfaden - www.paraselene.de

VISIBLE	FRÉQUENT	QUAND ?	LES JOURNÉES AVEC CIEL VOILÉ PAR DES CIRRUS
[−] ●── [+]	[−] ●── [+]	OÙ ?	NON LOIN DU SOLEIL PRINCIPALEMENT

HALOS ET ARCS

DES ARCS-EN-CIEL DANS DES CRISTAUX DE GLACE

QUAND LE SOLEIL EST LEVÉ MAIS QUE LE CIEL EST VOILÉ PAR UNE FINE COUCHE DE HAUTS NUAGES BLANCS, CACHEZ L'ASTRE DU JOUR AVEC VOTRE MAIN. VOUS POURRIEZ ÊTRE SURPRIS PAR LA RICHESSE DE CE QUE VOUS ALLEZ DÉCOUVRIR.

CES NUAGES, APPELÉS CIRRUS, SONT CONSTITUÉS PAR DES CRISTAUX DE GLACE, DE FORME GÉNÉRALEMENT HEXAGONALE. LA LUMIÈRE DU SOLEIL QUI ENTRE DANS CES STRUCTURES TRANSPARENTES EST DÉCOMPOSÉE EN COULEURS ÉLÉMENTAIRES (À L'INSTAR DES ARCS-EN-CIEL) QUI RESSORTENT SELON DES ANGLES PRÉCIS. CES RÉFLEXIONS CRÉENT DIFFÉRENTS HALOS (QUAND IL S'AGIT D'UN CERCLE COMPLET) OU DES ARCS PLUS OU MOINS COLORÉS. CERTAINS HALOS SONT TRÈS FRÉQUENTS, TANDIS QUE D'AUTRES PEUVENT N'APPARAÎTRE QU'UNE FOIS L'AN, AVEC DE LA CHANCE. LA CHASSE AUX HALOS EST OUVERTE !

CONSEILS D'OBSERVATION

Sans cirrus, point de halo. Il faut donc commencer par repérer ces voiles nuageux d'altitude constitués de cristaux de glace que sont les cirrus. Ils doivent en outre avoir la bonne densité. Avec de l'habitude, on finit par reconnaître les bons cirrus, même s'ils ne garantissent en rien l'apparition de halos…

Ensuite, mieux vaut être un familier des halos : savoir où ils apparaissent par rapport au Soleil et quels liens les unissent. Certains halos tiennent en effet à rester discrets, et passeront inaperçus pour un observateur non averti !

Dernier conseil : les cirrus étant souvent à proximité de notre étoile, mieux vaut se munir d'une paire de lunettes de soleil. Elle vous permettra de renforcer le contraste et de mieux percevoir les éventuels halos et leurs couleurs.

CONSEILS PHOTO

Les halos sont souvent peu contrastés. La lumière ne manque pas, mais la plupart du temps, ils se détachent mal du fond blanchâtre du ciel couvert de cirrus. Il s'agit donc de modifier luminosité et contraste de la photo afin de les faire ressortir au mieux. De même, une saturation des couleurs bien dosée fait ressortir les teintes. Il est alors préférable de travailler à sensibilité faible, et ainsi d'éviter le bruit qui ne manquera pas d'apparaître après manipulation du fichier image.

Il est souvent délicat de déterminer le bon temps de pose, car la cellule, éblouie par le Soleil, a tendance à sous-exposer les halos. Il est donc conseillé de masquer le Soleil pendant que la cellule mesure le temps de pose. Une main tendue devant l'astre fait très bien l'affaire. Une fois la mesure faite et mémorisée, vous pourrez retirer la main ou la garder devant le Soleil, même si un obstacle tel qu'arbre, clocher, pan de mur, menhir, etc. sera cependant plus esthétique.

Au cas où la cellule se serait trompée en mesurant la lumière, effectuez une séquence en bracketing en sous-exposant de 1 et 2 IL.

Si le halo se produit en plein jour, la balance des blancs doit être réglée sur « soleil ». Pour un parhélie du levant ou du couchant, réglez la balance des blancs sur « nuage », ou mieux encore, photographiez en mode RAW.

Finalement, c'est souvent votre réactivité qui sera primordiale. Certains halos sont des plus éphémères. Il faut donc agir vite, sous peine de les voir s'évanouir à mesure que les cirrus se déplacent.

Pour qu'un halo se forme, les ingrédients de base sont de la lumière (celle du Soleil ou de la Lune) et des cristaux. Selon la forme des cristaux, leur perfection et leur orientation générale, différents halos ou arcs apparaissent, leur aspect et leur taille changeant en fonction de la hauteur de la source lumineuse.

Un arc-en-ciel se forme lorsqu'une multitude de rayons lumineux pénètre dans une goutte d'eau et en ressort. D'une manière similaire, les halos, qu'ils soient solaires ou lunaires, apparaissent lorsqu'une multitude de rayons lumineux pénètrent par une face d'un cristal de glace et ressortent par une autre.
Dans ces deux cas, la lumière est réfractée et dispersée : la lumière blanche est décomposée en un continuum de couleurs, du rouge au violet.

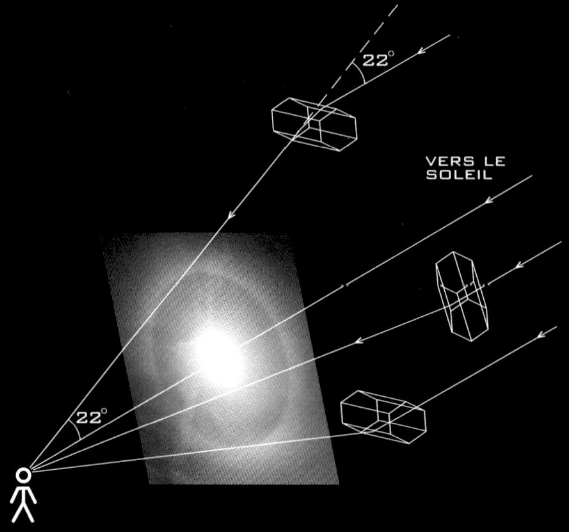

Le rayon lumineux entre par une face d'un cristal de glace et en ressort par une autre. L'angle entre le Soleil (ou la Lune) et le bord du halo est donc égal à la valeur de l'angle entre le rayon incident et le rayon émergent, soit 22°.

Voici le type de halo le plus fréquent : un halo de 22° de rayon angulaire.

Au contraire des gouttes toujours plus ou moins sphériques, tout au moins tant qu'elles ne sont pas trop grosses, les cristaux de glace ont différentes formes, généralement hexagonales, en fonction des conditions de température et d'humidité régnant lors de leur création.
Ces cristaux apparaissent dans les cirrus, des nuages généralement fins qui fréquentent des altitudes comprises entre 7 et 12 km. Il y fait très froid, de sorte que l'eau finit par se transformer en cristaux de glace. Certaines formes de cristaux sont fréquentes, d'autres nettement moins. De la proportion des unes et des autres naissent différents halos et arcs, aussi fréquents ou rares que les cristaux qui leur donnent naissance.

Le halo de 22° de rayon angulaire (qui dessine un cercle de 44° de diamètre angulaire centré autour du Soleil) est le plus fréquent des halos. On le rencontre couramment dès que le ciel est voilé par des cirrus. En revanche, il n'est pas toujours contrasté et coloré. Les cristaux responsables de l'apparition des halos de 22° ont une forme hexagonale allongée, comme un tube de stylo bille. C'est la forme de cristaux la plus fréquemment rencontrée, d'où la fréquence importante de ce type de halo : vous le retrouverez sur presque toutes les photos de ce chapitre.

■ ■ ■

Oui, les points lumineux sont bien des étoiles (sauf Mars, l'astre le plus brillant, en haut à droite), car ce halo de 22° de rayon angulaire a été formé par la Lune. Peu importe la source lumineuse, si elle est assez intense.

...

Assez souvent, au lever ou au coucher du Soleil, on rencontre des taches lumineuses, parfois très colorées et brillantes, de part et d'autre du Soleil, juste à l'extérieur du halo de 22°. Ces arcs sont appelés des parhélies (du grec « para », autour de, et de « helios », le Soleil). Les cristaux responsables de ces arcs ressemblent à de fines tranches de tubes de stylo bille (des cristaux hexagonaux plats).

Attention : Malgré le « e », parhélie est bel et bien un mot masculin.

Très plats, ces cristaux planent dans l'air, comme des feuilles mortes. Plus leur alignement d'ensemble s'approche de l'horizontale, plus les parhélies sont brillants. C'est pourquoi un vent turbulent à l'altitude des cirrus perturbera l'alignement des cristaux et altérera le contraste des parhélies.

Les parhélies sont bel et bien les « chiens du Soleil » (ou sundogs) comme ils sont désignés en anglais, assis fidèlement à ses côtés.

Les parhélies sont généralement collés au halo de 22°. Notons cependant que deux types de cristaux différents les engendrent, responsables potentiellement de deux sortes de halos. Il reste qu'il est fréquent qu'un parhélie soit accompagné d'un halo de 22°, mais le contraire l'est moins.

Sur cette image, il est clair que le parhélie (la zone brillante au centre de la photo) n'est pas collé au halo de 22°.

En gros plan, ce parhélie semble confondu avec le halo de 22° (l'arc de cercle vertical). Ils n'ont cependant pas exactement la même origine.

Le Soleil est à droite de ce parhélie très coloré et contrasté. Il est facile de savoir où il commence (la partie rouge, à droite), mais plus délicat de dire où il finit. La photo a été traitée de manière à faire ressortir au mieux les couleurs.

■■■

Les parhélies ont une forme allongée. Ils sont rouges et bien délimités du côté du Soleil, et au contraire bleus et difficiles à circonscrire à l'opposé du Soleil.

Les anglophones appellent ces arcs « sundogs », littéralement les chiens du Soleil, car comme deux chiens de garde, ils sont postés de part et d'autre de l'astre.

Ce parhélie (un gros plan de la photo en bas de la page suivante), qui apparaît au coucher du Soleil, est essentiellement rouge, car le bleu y est quasiment absent.

Le Soleil se lève sur la baie de Kérogan à Quimper, orné d'un parhélie orangé (à droite) et d'une courte colonne solaire (voir p. 118) à la verticale du Soleil.

Tout comme les arcs-en-ciel, la couleur du parhélie dépend de la couleur dominante de la lumière qui les engendre. Quand le Soleil se lève ou se couche, la lumière est rougie, donc le parhélie affiche plus de rouge que de bleu.

Les traînées de condensation des avions sont souvent emplies de cristaux hexagonaux plats. Ils favorisent grandement l'apparition de parhélies qui résultent justement de la présence de ce type de cristaux.

...

Tout comme il existe des arcs-en-ciel lunaires, les parhélies peuvent avoir la Lune pour origine. Ils s'appellent alors parasélènes (du grec « selênê », la Lune). Les parasélènes sont moins fréquents que les parhélies, car la Lune doit être assez lumineuse, donc presque pleine, pour que les parasélènes soient bien visibles.

La tache lumineuse et colorée à gauche est un parasélène. La Lune est au même niveau, à droite, cachée par le toit de la maison. En voyant ce parasélène, j'étais ébloui par le lampadaire situé au-dessous (masqué par ma main sous le parasélène). J'ai d'abord cru que c'était la Lune qui éclairait les nuages par-derrière. Mais en apercevant l'aura lumineuse qui entourait la Lune à une vingtaine de degrés à droite, j'ai compris de quoi il s'agissait. Je me suis précipité sur mon appareil photo. Le parasélène a disparu en moins de deux minutes, à mesure que les nuages montaient.

C'est en apercevant ce parhélie aveuglant (qui m'a incité à sous-exposer le paysage) que j'ai pensé à lever la tête. L'arc circumzénithal était bien là. De plus, il n'était pas seul (voir photo ci-dessous).

Lorsque vous apercevez un parhélie très brillant, pensez à lever le nez bien haut. Avec de la chance, vous verrez un des plus beaux arcs qui soit : l'arc circumzénithal (littéralement « qui tourne autour du zénith »). Ces deux arcs sont liés, puisque ce sont les mêmes cristaux qui leur donnent naissance. Mais ce ne sont pas les mêmes faces du cristal qui sont mises en jeu dans les deux cas. ▪▪▪

Un large arc circumzénithal s'étale dans le ciel.

Est-ce une conséquence de la polarisation, mais il me semble qu'un arc circumzénithal est plus contrasté lorsqu'il est vu par réflexion sur une surface vitrée. Cette photo a été prise une poignée de secondes après celle ci-dessus.

...

Pour qu'un arc circumzénithal apparaisse, il est nécessaire que le Soleil soit à moins de 32° de hauteur. Sinon, la lumière ne pourra émerger du cristal sous un angle favorable. C'est quand le Soleil culmine aux environs de 22° que cet arc est le plus vaste et le plus lumineux.

Cet arc est (avec l'arc circumhorizontal, voir page suivante) le plus beau de tous les halos. Ses couleurs sont vives et bien séparées. Il ressemble à un arc-en-ciel d'environ 30° de large qui culminerait très haut dans le ciel, et dont les jambes ceintureraient le zénith.

Hélas, l'arc circumzénithal est assez rare. Tout au plus pourrez-vous le voir une dizaine de fois par an, si vous sortez souvent et êtes très attentif.

Cet arc circumzénithal est le premier que j'ai pu voir après 5 ans d'effort ! Je l'ai repéré alors qu'il se reflétait sur le pare-brise arrière de ma voiture, en rangeant mes courses dans le coffre. J'ai cru à un arc-en-ciel, me suis retourné pour le chercher, mais il n'y avait rien au-dessus de l'horizon… Et d'un coup, j'ai songé à l'arc circumzénithal ! Je me suis retourné à nouveau, j'ai levé la tête très haut et l'ai vu pour la toute première fois. J'ai même eu le temps de rentrer chez moi pour le prendre en photo.

Quand le Soleil approche de 32° de hauteur, l'arc circumzénithal s'estompe, puis disparaît. Une fois que notre étoile a atteint 58° de hauteur, son alter ego fait son apparition : l'arc circumhorizontal. Il a lui aussi des couleurs très saturées et bien séparées, mais au lieu de faire le tour du zénith, il ceint l'horizon à hauteur constante, environ 10°. Il peut mesurer jusqu'à 100° de large !
Cet arc est encore plus rare que son pendant circumzénithal, car le Soleil est rarement à plus de 58° sous nos latitudes : de quelques minutes à deux heures par jour, à partir de la mi-mai et jusqu'au début août pour la latitude de Paris. Il faut donc au même moment que les cirrus qui contiennent les cristaux adéquats soient proches de l'horizon, et que le Soleil soit à la bonne hauteur. Estimez-vous chanceux si vous l'observez un jour.

L'arc circumhorizontal est encore plus beau et vaste que l'arc circumzénithal, mais incomparablement plus rare puisqu'il n'est pas fréquent que le Soleil soit à plus de 58° de hauteur angulaire en France métropolitaine. Crédit : André Gillet.

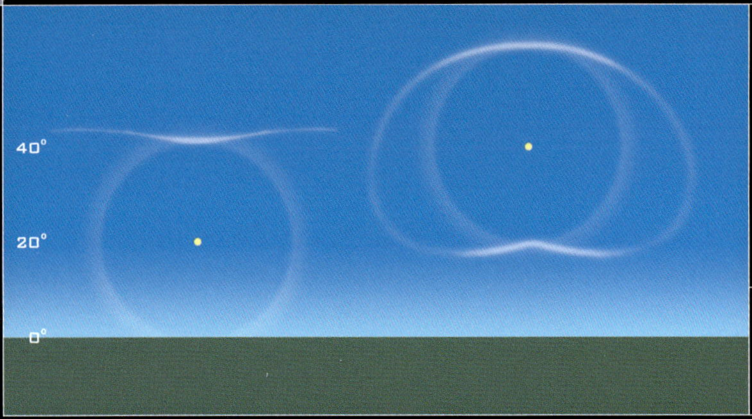

Sur ces simulations numériques, on remarque qu'en fonction de la hauteur du Soleil (le point jaune), l'arc supérieur tangent au halo de 22° de rayon angulaire change de forme, prenant celle d'un oiseau ou d'un ovale déformé.

■ ■ ■

La hauteur du Soleil est un facteur important quand on s'intéresse aux halos. En fonction de son altitude, les halos se métamorphosent en effet, certains disparaissant au profit de nouveaux.
Intéressons-nous au halo de 22°. Les cristaux en forme de tube de stylo bille en sont à l'origine. Lorsque ces cristaux sont majoritairement horizontaux, il se forme deux arches dans les parties hautes et basses du halo de 22° : ce sont les arcs supérieur et inférieur tangents.
Quand le Soleil est à moins de 10° de haut, l'arc supérieur tangent prend l'aspect d'un oiseau aux ailes relevées. Puis, une fois le Soleil à une vingtaine de degrés de hauteur angulaire, l'arc supérieur tangent abaisse ses ailes et ressemble à une moustache, ou si l'on veut un dos de chameau. L'arc inférieur tangent, lui, n'est pas encore levé.
Les ailes continuent à s'abaisser à mesure que le Soleil grimpe. À 30°, l'arc inférieur tangent est un oiseau aux ailes baissées (un V tête en bas).

Quand le Soleil est bas, l'arc supérieur tangent ressemble à une longue moustache qui touche le halo de 22°.

À partir de 40° de hauteur angulaire, l'arc supérieur tangent forme un halo circonscrit au halo de 22°. Observer la métamorphose d'un halo à mesure que le Soleil s'élève ou descend est un spectacle fascinant.

À 40° de hauteur angulaire, les deux arcs tangents joignent leurs ailes qui se sont aplaties près du corps. Ils forment un ovale dont le grand axe est horizontal : c'est le halo circonscrit (qui circonscrit le cercle du halo de 22° de rayon angulaire) dont les couleurs sont plus franches que le halo de 22°.

À 60°, ils forment un bel ovale symétrique qui s'arrondit de plus en plus. À partir de 80°, ils se sont arrondis au point de se confondre avec le halo de 22°. ■ ■ ■

Lorsque le Soleil est à 45° de hauteur angulaire, il devient manifeste que l'arc supérieur tangent n'est plus collé au halo de 22°.

Lorsque j'ai pris cette photo, je n'avais noté que le halo de 22°… et ce n'est que 13 ans plus tard, connaissant l'existence du cercle parhélique, que j'ai été capable de remarquer celui qui prenait naissance de part et d'autre du halo. L'objectif fish-eye trahit la géométrie du phénomène, car le cercle est bel et bien à hauteur constante par rapport à l'horizon.

Nous venons de passer en revue les halos et arcs les plus fréquents (à l'exception de l'arc circumhorizontal, très rare). Il existe d'autres halos bien moins communs, provoqués par les mêmes cristaux hexagonaux. Ce qui fait leur rareté, c'est la nécessité que ces cristaux aient tous la même orientation.
Citons par exemple le cercle parhélique. Pour qu'il se forme, les cristaux hexagonaux plats, ceux qui donnent naissance aux parhélies, doivent être bien horizontaux, de manière à ce que leurs six petites faces soient verticales. Dès lors, le Soleil va se réfléchir sur ces faces pour former un halo peu contrasté dépourvu de couleurs (pas de réfraction) faisant tout le tour du ciel (à altitude constante) à hauteur du Soleil. Les parhélies font partie de ce grand halo.

Sur cette photo prise à l'opposé du Soleil, le cercle parhélique est bien visible comme un fin trait blanc à hauteur du Soleil.
Crédit : Vincent Jacques.

Ce détail de la photo ci-dessous présente l'arc supralatéral collé à l'arc circumzénithal. Ses couleurs sont assez vives, mais son contraste est faible.

Lorsque ces rares halos se forment, ils sont accompagnés des halos et arcs plus courants, par exemple un arc circumzénithal ou un parhélie. Ainsi, l'arc supralatéral est un grand arc coloré et peu contrasté qui touche l'arc circumzénithal. Il n'apparaît au mieux qu'une poignée de fois par an. Il se forme lorsque les cristaux en forme de stylos bille sont bien alignés. Plus l'alignement est optimal et plus l'arc supralatéral est contrasté. Associé à l'arc circumzénithal, il n'est observable que si le Soleil est à moins de 32° d'altitude. ■■■

Le 3 décembre 2003, en plus de l'arc circumzénithal tout en haut de la photo et de l'arc supralatéral, j'ai pu voir l'arc supérieur tangent à la limite de la partie surexposée (près du Soleil), et un début de cercle parhélique à gauche du Soleil.

Sur cette photo sont visibles au même moment : l'arc circumzénithal, l'arc supralatéral, l'arc supralatéral de Parry, le halo de 22° de rayon, l'arc supérieur tangent, les parhélies et… un monstre vert qui tire la langue.

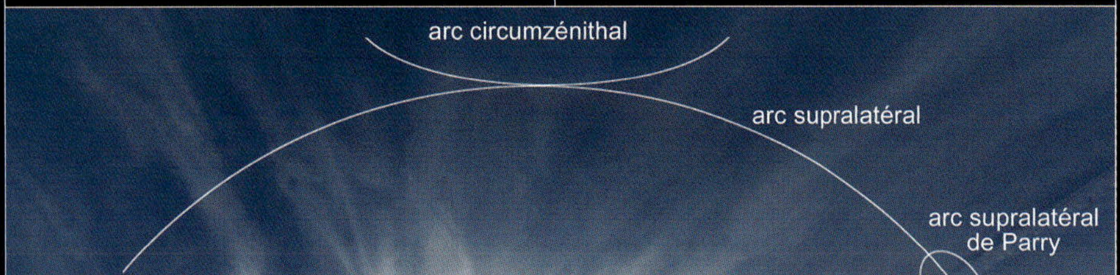

…

Le 28 octobre 2006 est apparu le plus grand complexe de halos qu'il m'ait été donné de voir. Tout a commencé lorsque j'ai remarqué un très brillant parhélie (voir p. 107). En levant la tête, j'ai tout de suite repéré l'arc circumzénithal. Puis un examen plus attentif a révélé la présence d'un faible arc supralatéral, ponctué à sa gauche d'un très rare arc supralatéral de Parry (du nom d'un explorateur anglais qui le premier a décrit certaines structures dans un halo observé en 1820) bien coloré.

Les Cowley, le spécialiste mondial des halos (www.atoptics.co.uk), m'a confié qu'un arc supralatéral de Parry n'est visible en général qu'aux pôles ou non loin d'un canon à neige. Je n'étais évidemment dans aucun de ces cas. C'est dire la chance que j'ai eue de le voir.

Lorsque le Soleil est descendu assez bas, l'arc supérieur de Parry a évolué, engendrant l'arc supérieur de Parry convexe.

Ce complexe de halos a évolué, certains arcs s'estompant ou disparaissant pour faire place à d'autres. Petit à petit, j'ai ainsi commencé à apercevoir l'arc supérieur de Parry (jusqu'à distinguer ses couleurs). Puis, à mesure que le Soleil descendait, est apparu l'arc supérieur de Parry convexe. Il s'écoulera probablement des années avant que je ne rencontre un halo aussi superbe !

Le Soleil est masqué par un doigt. Un système de cercles concentriques colorés se forme dans les nuages : c'est une couronne solaire.

Ici, c'est la Lune qui est entourée d'une belle couronne lunaire. Ce type de couronne est plus facile à observer car la Lune est bien moins éblouissante que le Soleil.

La plupart du temps, les couronnes ont cet aspect: une succession de couleurs irisées mal définies dans les nuages. C'est dû au fait que les gouttelettes n'ont pas toutes le même diamètre à l'intérieur du nuage.

Cette couronne lunaire plus pâle est formée par les gouttelettes de brouillard, plus petites que les gouttelettes des nuages. De ce fait, la couronne est plus grande et les couleurs moins tranchées.

...

Achevons ce chapitre par des phénomènes lumineux qui n'appartiennent pas à la famille des halos, quoiqu'ils y ressemblent beaucoup. En effet, ils ne sont pas engendrés par des cristaux de glace, mais par les gouttelettes d'eau présentes dans les nuages ou le brouillard. Ils portent le nom de couronnes.

Les couronnes solaires sont délicates à voir, car elles apparaissent près du Soleil. Pour les observer, vous devez masquer le Soleil aveuglant et si possible porter des lunettes de soleil. Si la Lune est à l'origine du phénomène, la couronne lunaire est plus facile à voir.

Les couronnes prennent la forme de cercles concentriques colorés autour des astres lumineux.

Pour qu'une couronne se forme, il est nécessaire que les gouttelettes aient des diamètres semblables. Plus la taille des gouttelettes d'eau est uniforme, plus les cercles sont réguliers et les couleurs bien séparées. Et plus les gouttelettes sont petites, plus la couronne est large et ses couleurs étalées.

Le plus souvent, les couronnes sont imparfaites, car le diamètre des gouttelettes varie en fonction de leur position dans le nuage. Dans ce cas, le nuage se colore de manière peu organisée, par zone plus que par cercle concentrique. On parle alors de nuage irisé.

C'est un phénomène d'interférence lumineuse (comme les arcs surnuméraires pour les arcs-en-ciel, voir p. 93) qui est à l'origine des couronnes. Ses couleurs dépendent alors de la distance à la source lumineuse. ■

VISIBLE	FRÉQUENT	QUAND ?	LEVERS ET COUCHERS DU SOLEIL
		OÙ ?	AU-DESSUS DU SOLEIL

DES PILIERS DE LUMIÈRE

ILS PRÉCÈDENT OU SUIVENT LE SOLEIL

PARFOIS, LE SOLEIL SE PARE D'UNE COLONNE DE LUMIÈRE. CELA SE PRODUIT LE MATIN OU LE SOIR, QUE LE SOLEIL SOIT JUSTE AU-DESSOUS OU AU-DESSUS DE L'HORIZON. CES PILIERS LUMINEUX SONT APPELÉS COLONNES SOLAIRES.

LES COLONNES SOLAIRES SONT PRODUITES PAR RÉFLEXION DES RAYONS DU SOLEIL SUR DES CRISTAUX DE GLACE. ELLES APPARAISSENT LORSQUE L'AIR EST CALME ET EMPLI DE CRISTAUX PLATS À BASE HEXAGONALE (COMME DES TRANCHES DE STYLOS BILLE). RÉFLÉCHISSANT LA LUMIÈRE DU SOLEIL, ELLES PRENNENT SA COULEUR : TRÈS ROUGE QUAND IL EST SOUS L'HORIZON, ET ORANGÉ AU-DESSUS.

CONSEILS D'OBSERVATION

Aucune précaution particulière n'est nécessaire pour observer une colonne solaire. Privilégiez un horizon dégagé pour profiter de toute son étendue. Inutile de vous précipiter, ce phénomène dure généralement plusieurs dizaines de minutes.

CONSEILS PHOTO

Pour être sûr de faire ressortir les couleurs du crépuscule, mieux vaut photographier en mode RAW. Sinon, réglez la balance des blancs sur « nuage ». Ces piliers lumineux étant généralement peu contrastés, il est préférable d'adopter une sensibilité peu élevée, afin de réduire le bruit et pouvoir augmenter le contraste grâce à un logiciel de traitement d'image. Quant au diaphragme, réglez-le de telle sorte que la vitesse résultante vous évite tout flou de bouger.

Un pêcheur rejoint la rive après avoir lancé son hameçon. À sa verticale, dans les cirrus, s'élève une colonne solaire orangée qui se reflète sur le sable mouillé.

DES PILIERS DE LUMIÈRE

Cette colonne solaire photographiée en février est produite par des cristaux qui sont tombés des nuages. Pour preuve, il n'y a apparemment pas de cirrus dans le ciel.

Dans ce cas, il est évident que la réflexion se produit au niveau des cirrus où restent cantonnés les cristaux de glace. C'est la situation la plus fréquente.

Quand l'air est calme, les cristaux hexagonaux plats des cirrus virevoltent mollement dans l'atmosphère, comme autant de feuilles mortes. Ils agissent comme des milliards de miroirs qui réfléchissent chacun une infime quantité de lumière issue du Soleil.
Mais seuls les cristaux situés à la verticale du Soleil renvoient leur lumière en direction de l'observateur. C'est pourquoi les colonnes solaires sont verticales et indiquent toujours la position du Soleil.
Les cristaux peuvent être soit présents dans les cirrus, auquel cas, la colonne apparaît plus lumineuse là où les nuages sont denses, soit présents dans l'air (des cristaux en chute libre tombés des nuages), et dans ce cas, la luminosité de la colonne est plus régulière sur sa longueur.

La couleur de la colonne solaire correspond à celle du Soleil, puisque les cristaux en réfléchissent la lumière sans la modifier. Lorsque le Soleil est assez bas sous l'horizon, ce sont les cristaux lointains encore éclairés par le Soleil qui réfléchissent sa lumière. La colonne est donc presque rouge. Mais lorsque le Soleil est voisin de l'horizon, des cristaux plus proches sont éclairés, et comme le Soleil est moins rouge, la colonne solaire se teinte d'orange.

Le jour se lève à peine. Le Soleil est précédé par une colonne solaire bien rouge. Dans le coin supérieur droit, Vénus est encore visible.

La Lune, comme tout astre brillant, peut elle aussi arborer des colonnes lumineuses. Ici, ce sont deux colonnes, l'une supérieure et l'autre inférieure, qui sont visibles.

25 minutes plus tard, le Soleil vient de se lever (il est caché par une colline). Sa couleur est maintenant orangée.

Toute source lumineuse peut engendrer une colonne. Ainsi, la Lune et Vénus se parent, certes rarement, de piliers lumineux. Ils sont cependant plus courts car les sources sont moins lumineuses.

En avion, il est aussi possible de voir une colonne inférieure, à la verticale sous le Soleil, car les réflexions sur ces mêmes cristaux plats se font alors par les faces supérieures.

Ces colonnes inférieures sont visibles plus facilement depuis le sol dans le cas de la Lune. ■

VISIBLE	FRÉQUENT	QUAND ?	DU LEVER AU COUCHER DU SOLEIL
		OÙ ?	AUTOUR DU SOLEIL ET À L'OPPOSÉ

JEUX D'OMBRES

COMME DES ÉVENTAILS

LA NATURE JOUE AUX OMBRES CHINOISES. LES NUAGES SONT SES MAINS ET LA BRUME SON ÉCRAN.

UN NUAGE PLACÉ DEVANT LE SOLEIL FAIT DE L'OMBRE. SI LA BRUME EST ASSEZ ÉPAISSE, LE CONTRASTE ENTRE OMBRE ET LUMIÈRE SE MATÉRIALISE. DES SORTES DE RAYONS CLAIRS ET SOMBRES APPARAISSENT : CE SONT LES RAYONS CRÉPUSCULAIRES. PARFOIS MÊME, CES RAYONS SE REJOIGNENT À L'OPPOSÉ DU CIEL POUR FORMER DES FIGURES AU NOM UN PEU BARBARE : LES RAYONS ANTICRÉPUSCULAIRES. CES JEUX D'OMBRES NE SE LIMITENT PAS À CES DEUX PHÉNOMÈNES COMME NOUS ALLONS LE VOIR.

CONSEILS D'OBSERVATION

L'observation de ce phénomène ne requiert aucune précaution particulière, puisque les rayons crépusculaires sont particulièrement bien visibles. Le seul conseil que je pourrais vous donner, c'est de choisir le plus beau paysage naturel qui magnifiera la splendeur des raies de lumière.
Pour les rayons anticrépusculaires, c'est un peu plus subtil. Premièrement, il faut penser à tourner le dos aux rayons crépusculaires lorsque le Soleil est bas. Et là, si le ciel est dégagé à l'opposé du Soleil, vous pourriez voir les rayons lumineux converger à l'horizon et former des rayons anticrépusculaires. Généralement, ces rayons sont à la limite du détectable, mais un jour, vous assisterez à un spectacle étonnant (voir p. 127). Un horizon bien dégagé en direction du point antisolaire vous permettra alors de profiter du spectacle.

CONSEILS PHOTO

À l'instar des halos, le bracketing est appréciable pour assurer une exposition correcte. Faites confiance à la cellule et sous-exposez jusqu'à 2 IL. La balance des blancs est plus délicate : faut-il passer en mode « soleil » ou « nuage » ? Essayez les deux, ou bien optez pour une balance des blancs automatique, voire pour le mode RAW. En revanche, au lever ou au coucher du Soleil, sélectionnez le mode « nuage » qui vous permettra d'immortaliser ses teintes orangées. Le grand-angle assurera une bonne couverture du phénomène, tandis qu'un court téléobjectif isolera un rayon crépusculaire illuminant la mer ou le paysage.

Le Soleil est masqué par un nuage. Les rayons qui filtrent au bord du nuage dessinent dans la brume de délicats rayons clairs et sombres, au nom peu poétique de rayons crépusculaires.

JEUX D'OMBRES

Quand un nuage s'interpose entre le Soleil et vous, et à condition que l'air soit brumeux, la succession de rayons sombres (l'ombre du bord du nuage) et de rayons clairs (là où le Soleil perce le nuage) dessine une sorte d'éventail : les rayons crépusculaires.

En fonction de la hauteur du Soleil, les rayons crépusculaires auront un aspect changeant. Quand le Soleil est encore haut, ses rayons sont dirigés vers le bas et sont presque verticaux. Si vous êtes au bord d'une côte, vous observez des puits de lumière qui éclairent la mer juste en dessous des trouées nuageuses. Puis, à mesure que le Soleil descend, les rayons d'abord presque parallèles divergent de plus en plus.

Quand le Soleil est bien haut, les rayons crépusculaires sont presque parallèles.

Les rayons crépusculaires sont aussi nettement visibles lorsqu'ils se matérialisent dans la brume à la faveur de trouées dans les branches des arbres.

Enfin, le Soleil est sur le point de se coucher. Si des nuages barrent l'horizon, masquant par la même occasion le Soleil, les rayons crépusculaires seront dirigés vers le haut. ■■■

Un nuage d'orage lointain cache le Soleil sur le point de se coucher. L'ombre se projette au-dessus du nuage. Ce n'est pas la brume qui la révèle, mais un voile de cirrus de plus haute altitude qui se retrouve plongé dans l'ombre. Dans ce cas, on ne parle pas de rayons crépusculaires puisque la brume n'y est pour rien, mais il s'agit du même type de phénomène.

Ces étranges stries sombres disposées en éventails sont les ombres portées par les parties les plus opaques de la traînée de condensation d'un avion.

Ces superbes rayons crépusculaires me sont apparus alors que le Soleil était couché depuis une demi-heure. Les nuages qui en sont à l'origine se trouvaient sans doute à plus de 250 km, sans quoi ils auraient été visibles au ras de l'horizon.

…

Une fois le Soleil couché, il est même possible de deviner des nuages invisibles depuis le lieu d'observation. En effet, si des nuages sont au-delà de l'horizon, ils masquent le Soleil, et les rayons crépusculaires ainsi formés peuvent seuls émerger au-dessus de l'horizon.

Le même type de phénomène se produit si une haute montagne invisible à l'observateur masque le Soleil.

Sur cette photo s'étendant sur près de 100°, vous pouvez constater l'étendue des rayons crépusculaires, très inclinés aux extrémités de l'image.

Non, le Soleil n'est pas devant vous, mais dans votre dos ! Ces rayons lumineux ne divergent pas en effet, mais se rejoignent à l'opposé du Soleil. La Ceinture de Vénus (voir le chapitre « L'ombre de la Terre » p. 152) est visible au ras de l'horizon. Une autre illustration de rayons anticrépusculaires est visible p. 151.

Quand les circonstances sont particulièrement favorables (c'est-à-dire rarement !), il est possible de voir les rayons crépusculaires se rejoindre dans la direction opposée, au point anti-solaire : d'où leur nom de rayons anticrépusculaires. Il peut paraître étonnant de voir des rayons divergents finir par se rejoindre, mais vous devez garder en tête le fait que le ciel est une sphère, ce qui explique cette convergence à l'horizon opposé. ■

LE CIEL EST LEUR REPAIRE

Les phénomènes présentés dans cette partie ont une caractéristique commune : ils mènent dans le ciel une existence des plus discrètes, certains n'hésitant pas à revêtir les apparences de la banalité pour mieux échapper à notre attention. En réalité, ces phénomènes sont autant de curiosités riches d'enseignements sur le monde physique qui nous entoure.

Sur cette photo figurent deux des phénomènes lumineux les plus discrets du ciel et pourtant parmi les plus beaux : la lumière zodiacale (la bande pâle s'élevant du coin inférieur gauche en direction du centre) et la Voie lactée (la zone piquée d'innombrables étoiles partant du coin supérieur gauche pour sortir du champ de la photo à droite).

VISIBLE	FRÉQUENT	QUAND ?	LA JOURNÉE PRINCIPALEMENT
		OÙ ?	PEU IMPORTE

COMME LES ESCARGOTS

ILS LAISSENT DES TRAÎNÉES DERRIÈRE EUX

LES AVIONS PEUPLENT NOS CIEUX. CHAQUE JOUR, CE SONT PLUS DE 7000 APPAREILS QUI SURVOLENT LE TERRITOIRE FRANÇAIS, 20000 À L'ÉCHELLE DU CONTINENT EUROPÉEN. SI, À HAUTE ALTITUDE, LES AVIONS EN EUX-MÊMES NE SONT QUE DE DISCRETS TIRETS BLANCS, ILS LAISSENT SOUVENT DERRIÈRE EUX DE LONGS NUAGES RECTILIGNES. CE SONT DES TRAÎNÉES DE CONDENSATION, FORMÉES DANS LE SILLAGE DES RÉACTEURS. POUR LE PHOTOGRAPHE, ELLES CONSTITUENT AUSSI BIEN UNE GÊNE QU'UNE OPPORTUNITÉ : FORMES, COULEURS, JEUX D'OMBRES, CES TRAÎNÉES PRÉSENTENT EN EFFET UNE PALETTE D'UNE ÉTONNANTE VARIÉTÉ, NE DEMANDANT QU'À ENRICHIR LES COMPOSITIONS LES PLUS DIVERSES.

CONSEILS D'OBSERVATION

Observer les traînées de condensation n'est pas difficile. Avec un peu d'attention, il est même possible d'y voir une foule de détails. Première chose à faire, bien détailler leur aspect, et noter si elles se dissipent rapidement – signe d'une faible humidité de l'atmosphère – ou au contraire persistent. Dans ce dernier cas, si la traînée dérive en direction du Soleil et que le ciel est recouvert d'un fin voile nuageux, cherchez une ombre sous la traînée de condensation et observez comment elle se décale. C'est souvent inconfortable, car le ciel voilé par des cirrus est très lumineux. Des lunettes de soleil devraient vous soulager.

En l'absence de voile nuageux, une traînée peut tout de même projeter une large ombre dans l'atmosphère à deux conditions : que la traînée soit orientée dans votre direction et qu'au même moment, elle masque le Soleil.

CONSEILS PHOTO

Pour photographier des traînées de condensation, seule l'exposition est susceptible de poser problème. En effet, lorsque l'on photographie près du Soleil, la cellule peut être trompée par la présence de cet astre aveuglant dans le champ de l'appareil photo. Il faut donc cacher le Soleil avec la main pendant que vous réglez la cellule. Et pour mettre toutes les chances de votre côté, mieux vaut bracketer sur 2 IL.

La focale dépendra de ce que vous voulez photographier : fish-eye ou grand angle pour de vastes traînées de condensation et jusqu'au téléobjectif pour des détails plus fins.

La chance me sourit. Alors que je photographie à l'aide d'un objectif fish-eye une traînée de condensation dont l'ombre barre un halo, un insecte s'invite dans le champ et s'inscrit à la perfection aux côtés du Soleil. L'insecte, que je n'ai vu qu'après coup, devait être très près pour paraître si gros.

Des avions ont laissé des traînées de condensation éclairées par le Soleil levant. Ces traînées sont discontinues, preuve qu'il existe un couloir dans lequel l'air plus humide ne peut absorber l'apport de vapeur d'eau.

Parmi les gaz et différents sous-produits de combustion s'échappant des réacteurs d'avion, on trouve d'importantes quantités de vapeur d'eau, c'est-à-dire d'eau à l'état gazeux. Si l'air est sec à l'altitude où vole l'avion, l'eau larguée par le réacteur reste à l'état de gaz incolore et l'on ne voit rien hormis l'avion lui-même. Mais entre 8 000 et 12 000 m d'altitude, si l'air, en plus d'être froid, est déjà humide, la vapeur d'eau issue de l'avion sature l'air en humidité (le taux atteint une hygrométrie de 100 %) et ne peut être totalement absorbée. Une partie de la vapeur se condense donc sous forme de gouttelettes d'eau ou de cristaux, et de longs nuages apparaissent derrière les avions.

Parfois, les traînées de condensation ont cet aspect haché et double, comme des chromosomes. Ce sont généralement de gros quadriréacteurs, dont le sillage est très turbulent, qui engendrent ce type de traînées persistant quelques minutes tout au plus avant de disparaître en se fragmentant.

Sous certaines conditions, quand l'air est froid, les traînées de condensation revêtent un aspect étonnant qui évoque des chromosomes. Il est aussi possible de repérer de subtiles différences de couleurs selon le type d'avion responsable de la traînée, en fonction de la taille et de la quantité de rejets de combustion. ■ ■ ■

La couleur de ces traînées de condensation est révélatrice des régimes très différents auxquels fonctionnaient les réacteurs des avions qui les ont émises. La traînée rectiligne bleutée, appartient à un avion de ligne en régime de croisière, optimisant sa consommation. Peu dense, elle laisse passer une partie du fond de ciel bleu. Celle qui apparaît d'un blanc lumineux est en réalité simplement plus dense. Elle provient d'un avion de chasse en pleine accélération lors d'une manœuvre d'interception. Consommant davantage de carburant, l'appareil rejette beaucoup plus de vapeur d'eau.

Ces six photos montrent le déplacement de la traînée de condensation d'un avion et de son ombre projetée sur un voile de nuages d'altitude appelés cirrus (on en déduit du coup que l'avion est au-dessus des nuages), dans lequel s'est formé un halo solaire.

▪▪▪

Si vous examinez avec attention les traînées de condensation, vous pourriez voir d'autres phénomènes dignes d'intérêt : des jeux d'ombre. Ces traînées sont en effet suffisamment opaques pour faire écran à la lumière. Leurs ombres se projettent généralement sur un voile de fins cirrus. ▪▪▪

En gros plan, la traînée de condensation et son ombre semblent transpercer un halo solaire, comme une flèche prête à bondir d'un arc.

Ces étonnantes «traces de freinage» sombres évoquant quelque sortie de route aérienne sont en fait les ombres parallèles des portions de la traînée de condensation dirigées vers le Soleil.

Le Soleil qui vient de se lever est plus bas que les traînées de condensation. Une succession de rayons clairs et sombres s'étend en éventail juste au-dessus de la traînée la plus épaisse, car les parties les plus denses forment des ombres alors que les moins denses n'en forment pas.

De nuit, en pose longue, ce sont des traces lumineuses que les avions laissent derrière eux. Si vous êtes suffisamment proche d'un aéroport, vous pourrez capturer les traînées parallèles des feux de position des appareils, ponctuées des éclats de leurs feux clignotants.

S'agit-il des rayons de la mort d'un vaisseau extraterrestre venu conquérir la Terre ? Non, ce sont les feux de position d'un avion s'apprêtant à se poser sur le petit aéroport de Pluguffan (Finistère). Passant à moins de 300 mètres d'altitude, il lui reste quelques kilomètres à parcourir. La constellation d'Orion est visible à droite.

■ ■ ■

De nuit, les traînées de condensation sont invisibles, à moins que la Lune ne les éclaire. En revanche, vous pouvez photographier les avions lorsqu'ils passent à proximité. Leurs feux de position laisseront une longue traînée lumineuse très esthétique, surtout si l'avion emprunte une trajectoire courbe.

Les traînées de condensation accompagneront à merveille vos objets célestes favoris, même si elles se font parfois envahissantes. Les observateurs situés sous un couloir aérien ou près d'un grand aéroport voient ainsi en permanence des avions s'inviter sur leurs clichés du ciel, et laisser des traînées de condensation parfois visibles des heures durant, se transformant peu à peu en cirrus. ■

En sus de remplir l'image, une traînée de condensation peut lui donner davantage de profondeur, mettant les astres en perspective tout en leur conférant une certaine échelle.

Ce matin de septembre, le ciel devait être particulièrement humide pour matérialiser de la sorte ce couloir aérien situé à l'est de Quimper, et emprunté par de nombreux vols transatlantiques. Pour éviter des reflets, j'ai masqué le Soleil à l'aide de mon index.

VISIBLE	FRÉQUENT	QUAND ?	TOUTES LES NUITS, SURTOUT EN ÉTÉ
		OÙ ?	AU-DESSUS DE NOS TÊTES

DES LUCIOLES DANS LE CIEL

DES POINTS LUMINEUX À NOTRE SERVICE

ILS COÛTENT CHACUN DES DIZAINES DE MILLIONS D'EUROS ET SONT PLUSIEURS CENTAINES À TOURNER AUTOUR DE LA TERRE : CE SONT LES SATELLITES ARTIFICIELS, LANCÉS PAR LES HOMMES POUR LES SERVIR. SAVEZ-VOUS QU'IL EST FACILE DE LES VOIR ?

LES SATELLITES SONT GÉNÉRALEMENT RECOUVERTS D'UN MATÉRIAU ISOLANT TRÈS RÉFLÉCHISSANT SEMBLABLE À CELUI DES COUVERTURES DE SURVIE. À L'ALTITUDE OÙ ILS VOLENT, ILS PEUVENT ÊTRE ENCORE ÉCLAIRÉS PAR LE SOLEIL TANDIS QU'AU SOL LA NUIT RÈGNE. NOUS LES VOYONS ALORS, TÊTES D'ÉPINGLE LUMINEUSES TRAVERSANT LE CIEL EN TOUTE SÉRÉNITÉ, COMME DES LUCIOLES QUI SE PRENDRAIENT POUR DES ÉTOILES, MÊME SI CERTAINS D'ENTRE EUX, TELS LES IRIDIUMS, JOUENT LES PHÉNIX !

CONSEILS D'OBSERVATION

La consultation de sites Internet donnant les horaires de passage des satellites au-dessus de nos têtes est un indispensable préalable à l'observation méthodique de ces engins. Heavens-Above.com ou CalSky.com sont deux excellentes sources d'éphémérides, avec une préférence pour le second qui envoie quotidiennement par courrier électronique les prévisions pour votre lieu d'observation. Signalons aussi le site d'Alphonse Pouplier (en français) http://users.skynet.be/alphonse/ qui indique entre autres choses les heures de passage de la station spatiale internationale (ou ISS en anglais).

Armé de vos horaires et lieux de passage, vous n'avez plus qu'à échapper à la pollution lumineuse et attendre. Attention toutefois à la confusion possible avec des avions. Pour les distinguer, sachez que :

– un avion dispose de feux de position rouge et vert ainsi que de « feux à éclat » clignotants, alors qu'un satellite se présente sous la forme d'un point blanc dont la luminosité est soit fixe, soit varie de façon très progressive ;
– un avion peut amorcer un virage alors qu'un satellite parcourt une trajectoire rectiligne ;
– un avion, qui est sa propre source de lumière, reste visible en permanence jusqu'à ce qu'il soit masqué par l'horizon. En revanche, un satellite – qui se contente de réfléchir la lumière du Soleil – peut disparaître dans l'ombre de la Terre.

Pour les flashes Iridiums (des satellites capables de briller très fortement pendant quelques secondes, voir p. 144), nul besoin de gagner la campagne. Repérez la zone du ciel où le satellite doit flasher, synchronisez bien votre montre et vous le verrez apparaître quelques secondes avant le maximum du flash.

CONSEILS PHOTO

Seuls un trépied, un boîtier réflexe numérique et quelques objectifs sont nécessaires. S'il s'agit d'un passage de la station spatiale internationale, optez pour un grand-angle afin d'enregistrer sa trajectoire sur une vaste partie du ciel. La luminosité de la station est telle que vous pouvez rester en 400 ISO avec une ouverture de 4 à 5,6 car, étant donné sa vitesse de déplacement, la pose peut facilement dépasser une minute, avec le risque inhérent de surexposer le ciel s'il ne fait pas tout à fait nuit, ou si la Lune n'est pas loin.

Pour limiter le filé d'étoiles, vous pouvez masquer la partie basse de la trajectoire (sur laquelle l'ISS se déplace très lentement du fait de la perspective) par un obstacle (arbre, bâtiment), déclencher juste avant qu'elle n'en émerge et arrêter la pose une fois l'ISS sortie du champ de l'appareil photo. Vous pouvez aussi vous concentrer (à plus grande focale) sur la trajectoire correspondant au moment où l'ISS disparaît dans l'ombre de la Terre.

Les mêmes réglages conviennent aux flashes Iridium pour lesquels un bon timing est prépondérant. Toutefois, le grand-angle est peu approprié, car ces flashes laissent de courtes traînées. Si, comme moi, vous n'aimez pas trop les filés d'étoiles, vous devez déclencher à l'instinct dès que vous percevez une augmentation de luminosité et finir de poser lorsque l'Iridium a suffisamment faibli. Cela devrait durer moins de 30 s : une photo au 28 mm devrait donc montrer des étoiles quasi ponctuelles… pour peu que vous ne regardiez pas la photo de trop près !

La station spatiale internationale (ISS), aussi lumineuse que les plus brillantes étoiles, croise la Lune. Elle reste facile à repérer.

...

Les satellites sont des engins de quelques mètres de long. Les plus aisés à observer naviguent généralement entre 350 et 1 000 km d'altitude (les orbites basses). À ces altitudes, ils effectuent un tour complet de la Terre en respectivement 1 h 30 et 1 h 45. La station spatiale internationale (ou ISS) est un cas à part. Vaste assemblage de cylindres et de panneaux solaires de plusieurs dizaines de mètres de long, elle héberge un équipage permanent d'au moins deux personnes, auquel s'ajoutent régulièrement ceux de navettes spatiales américaines et de vaisseaux Soyouz russes. Elle orbite à 350 km d'altitude et effectue un tour de la Terre en 90 minutes.

L'orbite d'un satellite dépend de la tâche qu'il doit accomplir. L'ISS est sur une orbite inclinée de 51,6° par rapport à l'équateur, ce qui lui permet d'être visible des stations de suivi appartenant aux principaux partenaires du projet, russes et américains. Les satellites d'observation de la Terre ont des orbites polaires (ils passent au-dessus des pôles) afin de couvrir le globe en entier. Idem pour les satellites de téléphonie satellitaire (genre Iridium) qui assurent par leur nombre et leur répartition une couverture permanente de la planète.
Quant aux satellites dédiés à la diffusion des signaux TV (Astra, Hotbird, etc.), ils ne doivent pas se déplacer dans le ciel, sinon, la parabole de réception devrait être motorisée pour assurer la poursuite ! Ils sont sur des orbites équatoriales de très haute altitude (36 000 km) sur lesquelles ils tournent à la même vitesse que la Terre tourne sur elle-même. Ce sont les orbites dites géostationnaires. Ainsi, ils restent toujours à la même position dans notre ciel.

Arrivant du nord-ouest, l'ISS s'élève rapidement dans le ciel en direction de l'est. Elle s'éteint à proximité du zénith en entrant dans l'ombre de la Terre.

Pour qu'un satellite soit observable, il doit être éclairé par le Soleil. En plein jour, il sera bien sûr impossible de le voir dans un ciel trop lumineux. Il faut donc attendre la nuit. Mais s'il fait nuit, le satellite risque d'être lui aussi plongé dans l'ombre par la Terre.
Cependant, leur altitude est un atout. Alors que pour nous le Soleil est couché et qu'il fait nuit, sur leur haut perchoir les satellites sont encore éclairés par le Soleil. Ainsi, nous pouvons voir des points lumineux traverser le ciel jusqu'à ce qu'ils entrent éventuellement dans l'ombre de la Terre et s'éteignent en quelques secondes.

En été, il est possible d'observer des satellites pendant une bonne partie de la nuit, car le Soleil ne descendant pas très bas sous l'horizon, il illumine ainsi les satellites circulant suffisamment haut. En hiver en revanche, le Soleil s'enfonce profondément sous l'horizon et la grande majorité des satellites est trop basse pour s'extirper de l'ombre. Les satellites ont alors d'autant plus de chance d'être visibles qu'ils sont proches de l'ouest le soir, et de l'est le matin (là où se trouve le Soleil).

Tous les deux mois environ, l'ISS fréquente le ciel du soir. Il est conseillé de consulter ses horaires de passage grâce à des sites Internet spécialisés. J'ai raté le début du passage de la station, qui semble apparaître subitement près des toits. Le côté gauche de sa trajectoire correspond à son entrée dans l'ombre de la Terre.

Un flash Iridium apparaît dans le ciel du crépuscule.

…

Un satellite apparaissant près de l'horizon semble se déplacer lentement. Au contraire, à l'approche du zénith, alors qu'il est au plus près de l'observateur, il présente un déplacement angulaire important. Pour le comprendre, songez à une voiture qui s'approche d'un piéton immobile au bord de la route. Bien qu'allant vite, elle ne semble guère se déplacer pour le piéton, mais lorsqu'elle passe à son niveau, il doit tourner rapidement la tête pour suivre le véhicule.
Même s'il est toujours surprenant de voir transiter un vaisseau spatial avec des humains à bord (qui nous regardent peut-être eux aussi !), les passages de l'ISS sont relativement monotones. Quant aux autres satellites, tous bien plus petits que la station spatiale, ils sont certes visibles, mais restent bien moins lumineux et nécessitent un ciel suffisamment noir pour être observés confortablement.

Heureusement, il existe des satellites facétieux qui émettent de temps à autre des flashes lumineux intenses parfaitement prévisibles ! Ce sont les satellites de la constellation Iridium, qui possèdent trois antennes (celles qui assurent la communication avec les téléphones satellitaires) parfaitement lisses et très réfléchissantes, et qui pour cette raison agissent comme des miroirs navigant dans l'espace. Fonction oblige, la position et l'angle exact de ces antennes sont connus avec précision. Ainsi, un ordinateur est capable de prévoir à la seconde près le moment où l'une de ces antennes réfléchira la lumière du Soleil dans votre direction. Vous assisterez alors à un « flash Iridium » qui peut atteindre un éclat bien supérieur à celui de la brillante Vénus. …

Voici la trace laissée par un objet en orbite, alors que je photographiais les environs de la constellation d'Orion. Son aspect en pointillé irrégulier révèle qu'il est en rotation sur lui-même, variant ainsi d'éclat. Il s'agit peut-être de l'étage supérieur d'un lanceur.

Cette photo a été prise pendant la nuit des étoiles filantes des Perséides. La traînée lumineuse visible près de l'horizon n'est pas une étoile filante, mais un flash Iridium se déplaçant de droite à gauche et dont j'ai raté le début, d'où son aspect asymétrique de météore.

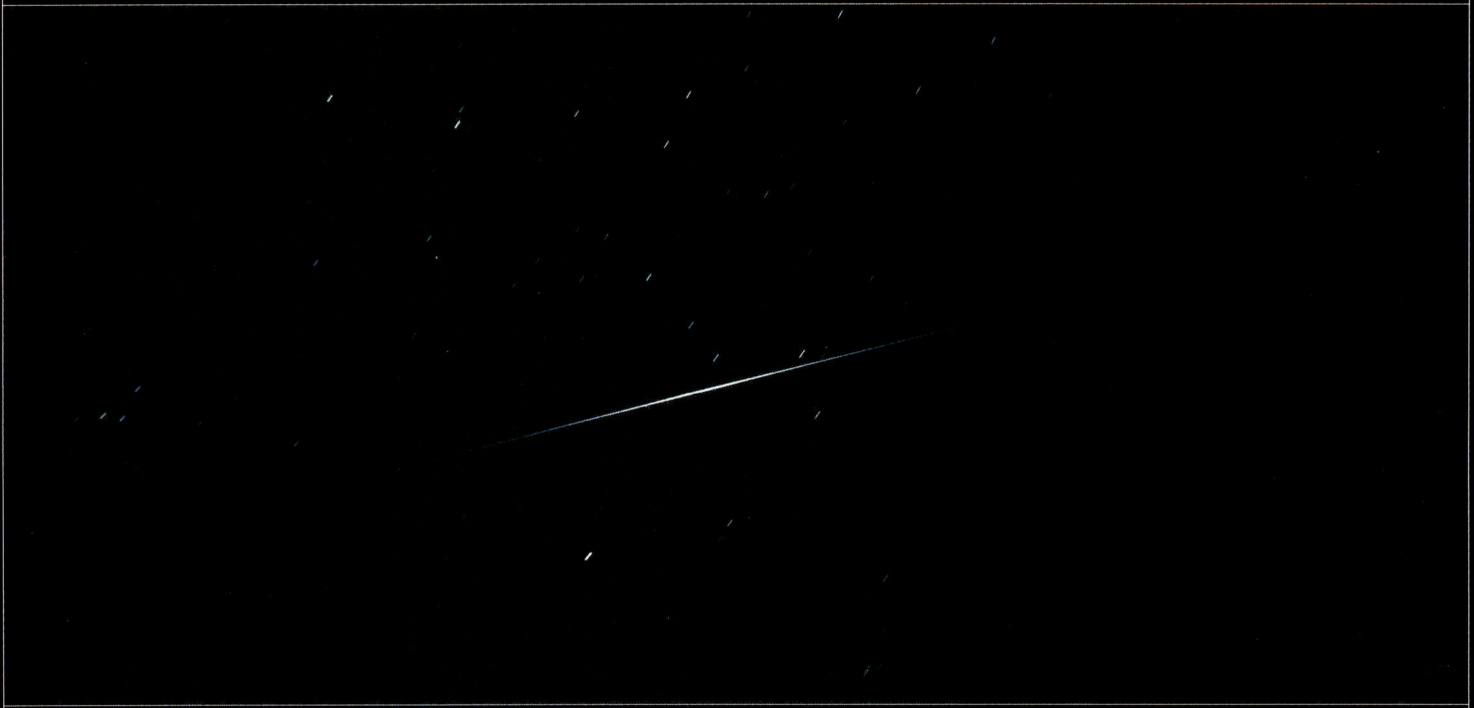

En gros plan, tous les flashes Iridiums se ressemblent, et seuls leur éclat et la région du ciel dans laquelle ils apparaissent changent. Celui-ci s'est produit dans la constellation de Pégase et a atteint la magnitude très respectable de –6 : il était plus brillant que Vénus.

Je ne pouvais rater ce double flash provoqué par les Iridiums 7 et 51 idéalement placés dans la tête du Lion, entre la Lune (à gauche) et Saturne et Mars à droite, eux-mêmes non loin de Castor et Pollux (dans les Gémeaux).

Les points visibles sur cette photo sont des satellites géostationnaires. Comme ils ne se déplacent pas dans le ciel, il suffit de pointer à environ 7° sous l'équateur céleste (pour la latitude de Paris) et de lancer une pose de quelques minutes – ou plusieurs poses de quelques dizaines de secondes – pour les voir laisser une empreinte ponctuelle, au contraire des étoiles qui bougent du fait de la rotation de la Terre et laissent de longues traînées. Les satellites qui ont laissé de pâles traces quasi verticales sont des satellites géosynchrones : ils tournent autour de la Terre selon une orbite polaire, mais repassent à la même heure à la verticale du même point sur Terre.

▪▪▪

Les satellites géostationnaires ne mesurent que quelques mètres de long et sont situés très loin. Il n'est donc pas étonnant qu'ils soient très peu lumineux ! En revanche, ils sont relativement faciles à photographier car ils tournent autour de la Terre à la même vitesse qu'elle. Il suffit de pointer un peu au-dessous de l'équateur céleste (de l'hémisphère nord) pour enregistrer leur ballet.

Pour être exhaustif, signalons que les satellites sont susceptibles de passer devant le disque du Soleil ou de la Lune : ces événements sont appelés transits. Dans le premier cas, nous assistons au passage de la noire silhouette du satellite sur le fond très lumineux (obligatoirement filtré) du disque solaire. Cette configuration est idéale, car le temps de pose pourra être suffisamment court pour figer le déplacement du satellite. Dans le second cas, la Lune restera plus lumineuse que le satellite, mais la différence d'intensité sera bien moindre. De plus, le temps de pose pour exposer correctement le disque lunaire sera au mieux de l'ordre du 1/250 s, donc trop long pour figer le satellite en plein vol.
Seule l'ISS peut, en tant que plus gros satellite artificiel de la Terre, présenter un diamètre respectable, donc des détails, à travers une lunette astronomique. Dans le cas d'un transit de n'importe quel autre satellite, il ne faut pas espérer voir autre chose qu'un point allongé. ■

Le soir de la finale de la coupe du monde de football 2006 qui oppose l'Italie à la France, alors que des dizaines de millions de spectateurs n'ont d'yeux que pour le terrain, je scrute le disque du Soleil à travers le verre de visée. Je me tiens prêt à déclencher l'appareil photo en mode rafale, fixé sur ma lunette de 480 mm de focale, pour ne rien rater du transit de l'ISS. Ce passage est loin d'être idéal, car le Soleil est assez bas, donc l'ISS assez loin : 920 km contre environ 400 km si le Soleil avait été plus haut. Le diamètre de la station spatiale s'en ressent ! Sans parler de la très forte turbulence atmosphérique, qui ce soir-là brouille fortement les détails. Chaque point est un cliché de l'ISS pris à la cadence de 3 images par seconde. La meilleure (enfin, la moins mauvaise !) image extraite en haut à droite montre une station en forme caractéristique de croix.

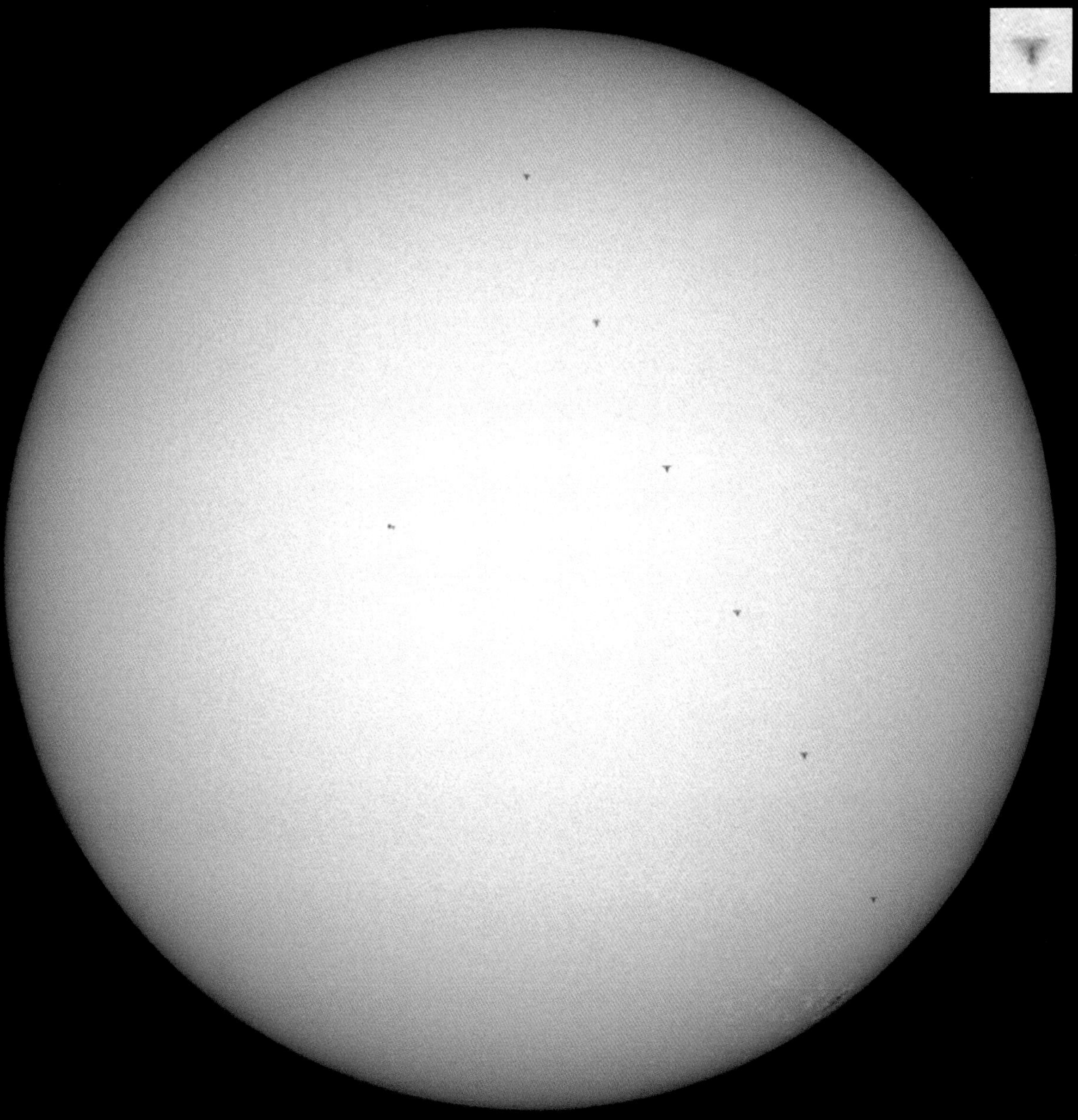

VISIBLE	FRÉQUENT	QUAND ?	DU COUCHER AU LEVER DU SOLEIL
		OÙ ?	LIEU POURVU D'UN HORIZON DÉGAGÉ

L'OMBRE DE LA TERRE

SOUS TOUTES SES FORMES, SELON L'ALTITUDE

VOIR SE LEVER OU SE COUCHER L'OMBRE DE NOTRE PROPRE PLANÈTE EST UN SPECTACLE DES PLUS FASCINANTS. C'EST AUSSI L'UN DES PLUS FACILES À OBSERVER.

L'OMBRE DE LA TERRE SE RENCONTRE À TROIS ALTITUDES DISTINCTES ET SE MANIFESTE DE TROIS FAÇONS TRÈS DIFFÉRENTES :

– LA CEINTURE DE VÉNUS, QUI APPARAÎT JUSTE AVANT LE LEVER DU SOLEIL, OU JUSTE APRÈS SON COUCHER. ELLE SE MATÉRIALISE PAR UNE BANDE GRIS-BLEU OURLÉE DE ROSE ;
– LA DISPARITION DES SATELLITES EN PLEIN VOL LORSQU'ILS ENTRENT DANS LE CÔNE D'OMBRE DE LA TERRE ;
– L'ÉCLIPSE DE LUNE DÈS QUE CETTE DERNIÈRE EST DANS L'OMBRE DE NOTRE PLANÈTE.

CONSEILS D'OBSERVATION

Pour profiter pleinement de la Ceinture de Vénus, privilégiez un lieu plat ou un sommet. Ce qui importe, c'est de jouir d'un horizon convenablement dégagé à l'opposé du Soleil. Si quelques arbres s'élèvent à moins de 5° de hauteur, cela n'a pas d'importance car la Ceinture de Vénus sera visible au-dessus de ces obstacles.

Il m'est arrivé souvent de contempler ce phénomène dans des lieux moins favorables : une rue bordée de bâtiments, une zone boisée, etc. Mais mieux vaut bénéficier d'un vaste horizon pour en profiter dans son ensemble.

Quant à l'observation des satellites et des éclipses de Lune, je vous renvoie aux chapitres qui leur sont dédiés, « Des lucioles dans le ciel » p. 140, et « Les astres se font de l'ombre » p. 46.

CONSEILS PHOTO

Je ne vais traiter ici que la photo de la Ceinture de Vénus, car les techniques de prise de vue pour les éclipses et les satellites ont déjà été abordées dans cet ouvrage.

Pour chasser la Ceinture de Vénus, le grand-angle est de rigueur. L'idéal est de prendre plusieurs photos sur plus de 180° de large, puis d'en faire une image panoramique (voir la technique de réalisation de photos panoramiques dans les annexes) pour montrer le phénomène dans sa globalité.

La Ceinture de Vénus, aussi appelée arche anticrépusculaire, se produisant dans un ciel relativement lumineux, il est inutile de recourir à des sensibilités extrêmes. 400 ISO est suffisant pour permettre de déclencher au 1/30 s à une ouverture de 5,6 à 8. De ce fait, le trépied n'est pas absolument indispensable, mais si vous voulez faire un panoramique, ce sera bien plus simple.

Pour retrouver les couleurs orangées qui ourlent la Ceinture de Vénus, il est préférable d'opter pour une balance des blancs réglée sur « nuage », celle qui est adaptée aux couchers de Soleil. L'idéal est de photographier en mode RAW pour retoucher les couleurs après coup lors du développement des fichiers, et d'essayer de retrouver les couleurs du phénomène – même si cela s'accompagne immanquablement d'une part de subjectivité.

Le Soleil vient de se coucher dans mon dos. À l'opposé, la Pleine Lune se lève dans une bande sombre ourlée de rose : c'est la Ceinture de Vénus, c'est-à-dire l'ombre de la Terre. Simultanément, des rayons anticrépusculaires engendrés par des nuages zèbrent le ciel. Suivons le cône d'ombre pour voir jusqu'où il nous conduit.

L'OMBRE DE LA TERRE

Prenez du recul et imaginez-vous, minuscule, posé à la surface d'une immense boule de 12 800 km de diamètre, la planète Terre. À votre échelle, notre planète semble plate et pourrait tout aussi bien avoir des bords carrés. Mais grâce au Soleil couchant, vous allez voir s'élever à l'horizon opposé au Soleil une large arche sombre, de couleur gris-bleu, surmontée sur toute sa largeur d'une bande plus claire et rose orangé. Cette arche sombre n'est autre que l'ombre de la planète Terre se projetant dans sa propre atmosphère ! Encore n'avez-vous sous les yeux qu'une toute petite partie du cône d'ombre terrestre qui mesure 1,4 million de kilomètres de long.

Imaginez maintenant que vous aperceviez un avion au loin, au niveau de la bande rose-orangé. Les passagers qui sont à son bord voient par les hublots le Soleil orangé en train de se coucher. L'atmosphère à ce niveau revêt donc la couleur du Soleil. Si l'avion vole plus bas, les passagers ne voient plus le Soleil. L'atmosphère à ce niveau n'est donc plus éclairée, d'où sa couleur gris sombre.
À mesure que le Soleil descend sous l'horizon, la Ceinture de Vénus, appelée aussi « arche anticrépusculaire », s'élève. Elle est de moins en moins contrastée et finit par se confondre avec le bleu du ciel. Elle reste visible durant une grosse dizaine de minutes. ▪▪▪

Le Soleil s'est couché il y a un quart d'heure (à l'extrême droite de la photo). L'ombre de la Terre qui forme la Ceinture de Vénus semble émerger de la mer pour culminer à l'extrême gauche (le panoramique représente plus de 180° de large).

Ce montage illustre l'aspect de l'horizon vers l'est au coucher du Soleil. Les photos sont prises toutes les 5 minutes. L'horizon a un aspect normal (à droite) jusqu'à ce qu'une bande gris-bleu, la Ceinture de Vénus, se lève jusqu'à être bien visible par contraste (au centre de la photo). Elle se dilue progressivement dans le ciel qui s'obscurcit. Normalement, la luminosité décroît au fur et à mesure, mais l'appareil photo a exposé plus longtemps pour compenser la perte de lumière.

L'OMBRE DE LA TERRE

Le Soleil est sur le point de se lever. Sous la Ceinture de Vénus, le ciel est d'un beau gris-bleu profond dans lequel les nuages sont invisibles (ils ne sont pas encore éclairés par le Soleil).

...

Plus l'horizon est clair (sans nuage) là où le Soleil se trouve, plus la Ceinture de Vénus est contrastée. La présence de nuages masque la lumière du Soleil couchant et a pour conséquence d'atténuer fortement le contraste de l'arche anticrépusculaire.
En revanche, si des nuages se trouvent près de l'horizon du côté de la Ceinture de Vénus, ils ne gênent pas l'observation et adoptent une teinte gris perle somptueuse qui embellit le spectacle et accentue le relief.

Au lever du Soleil, le même phénomène se produit, mais en sens inverse. La Ceinture de Vénus, d'abord très diluée, se renforce à une quinzaine de degrés d'altitude. Son contraste augmente à l'approche du lever du Soleil. Puis elle disparaît en touchant l'horizon quelques minutes avant l'aube. Au sommet d'une montagne, il est possible de continuer à voir la Ceinture de Vénus alors que le Soleil vient d'émerger. ...

Juste au-dessus de la Ceinture, les nuages se teintent d'orange car ils sont éclairés par les premiers rayons du Soleil. Les nuages plus bas proches de l'horizon ne font que renforcer le relief de la scène avec leur belle couleur gris perle.

En altitude, il est possible de contempler la Ceinture de Vénus quelques minutes après le lever ou avant le coucher du Soleil. Crédit : Vincent Jacques.

En haut d'une montagne, il arrive que l'on voie l'ombre du sommet à un ou deux degrés à la verticale de l'horizon, juste au-dessus de la Ceinture de Vénus.

L'OMBRE DE LA TERRE

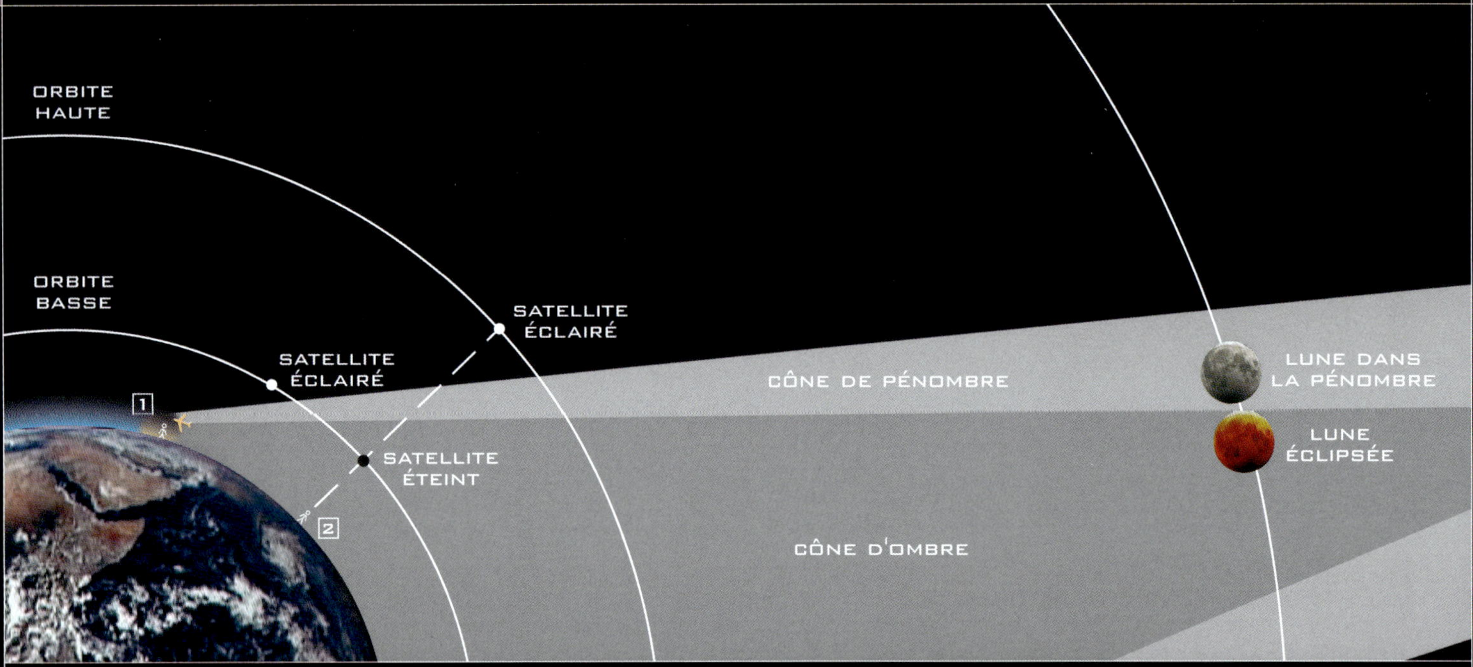

Le Soleil est à gauche de la Terre, dont le cône d'ombre pointe vers la droite. Les échelles ne sont pas respectées pour plus de clarté. Pour l'observateur 1, le Soleil vient de se coucher à l'horizon ouest. À l'est, il voit le cône d'ombre de la Terre qui dessine la Ceinture de Vénus. Un avion encore éclairé par le Soleil revêt une teinte orangée. Pour l'observateur 2, c'est déjà la nuit noire. À sa verticale, il peut voir un satellite en orbite haute car ce dernier est encore éclairé, tandis qu'un satellite en orbite basse est invisible, plongé dans l'obscurité. Quant à la Pleine Lune, elle se teinte de rouge lorsqu'elle est dans le cône d'ombre (voir pourquoi dans la légende de la photo p. 59). On a exagéré sa luminosité : en réalité, la Lune totalement éclipsée est bien plus sombre que lorsqu'elle est dans la pénombre.

L'extinction de l'ISS qui entre dans le cône d'ombre de la Terre au niveau de la constellation du Taureau est progressive, car les bords de l'ombre ne sont pas parfaitement définis.

En septembre, l'ISS qui redescend en direction de l'horizon est, disparaît dans l'ombre de la Terre. L'ombre n'est pas très haute, une vingtaine de degrés, car le Soleil n'est pas couché depuis longtemps.

...

Quittons l'atmosphère où l'ombre de la Terre se projette pour aller voir plus loin. Nous approchons des satellites en orbite basse, de 350 km à environ 1 000 km d'altitude. Tous les satellites compris dans cette vaste région pâtissent aussi de l'ombre de la Terre, qui, à ces altitudes, occupe une grande partie du ciel. Pour eux, cela se traduit par une extinction progressive lorsqu'ils y pénètrent. C'est normal, car les bords de l'ombre terrestre ne sont pas parfaitement nets. Nous nous en doutions déjà en observant la Ceinture de Vénus aux bords indéfinis.

En hiver, en début de soirée, l'ombre se projette au-dessus de l'horizon nord-est, à l'opposé du sud-ouest où le Soleil s'est couché. Puis, à mesure que le Soleil continue à plonger sous l'horizon, l'ombre s'élève en se décalant vers le sud. Elle culmine à minuit solaire (une heure du matin, heure d'hiver). À cette heure, elle emplit tout le ciel au-dessus de nos têtes. Enfin, elle disparaît en direction du nord-ouest en fin de nuit. En été, le Soleil se couche au nord-ouest. Il ne descend pas beaucoup sous l'horizon, environ 20°. À minuit heure solaire, l'ombre est alors dirigée en direction du sud. Les satellites situés du côté de l'horizon nord restent illuminés par le Soleil et par conséquent sont visibles toute la nuit. Ils ne s'éteignent que s'ils s'approchent du sud.

...

L'OMBRE DE LA TERRE

■ ■ ■

Abandonnons les satellites pour continuer à nous élever. Nous sommes maintenant à 380 000 km d'altitude, bien au-delà des satellites géostationnaires (36 000 km), au niveau de l'orbite lunaire (voir schéma p. 156). Si le Soleil, la Terre et la Lune sont alignés et rangés dans cet ordre, la Lune pénétrera dans le cône d'ombre de la Terre, pour n'en émerger que 3 à 4 heures plus tard (la Lune dérive largement moins vite qu'un satellite).

Lorsque la Pleine Lune commence à pénétrer dans le cône d'ombre de la Terre, la teinte rouge de la partie éclipsée n'est guère perceptible, car nous sommes éblouis par la zone non éclipsée, encore très brillante.

Au niveau de l'orbite de la Lune, l'ombre de la Terre mesure trois diamètres lunaires, mais il est très rare que la Lune passe exactement par le centre du cône d'ombre. Les images de ce montage ont nécessité des poses de 1/30 s lorsque la Lune est dans la pénombre, et 8 s lorsqu'elle est dans l'ombre (photo centrale).

Plus la Lune s'enfonce loin dans le cône d'ombre de la Terre, c'est-à-dire plus elle passe près de son centre, plus l'éclipse est profonde et dure longtemps. Vous trouverez des précisions dans le chapitre consacré aux éclipses « Quand les astres se font de l'ombre » p. 46.

Vous remarquez une fois de plus sur les photos que le bord de l'ombre de la Terre n'est pas parfaitement net. Il y a deux origines à ce flou. D'une part, l'atmosphère de la Terre n'est pas délimitée nettement (présence de nuages, densité décroissante de l'air avec l'altitude). D'autre part, la pénombre, la région où l'ombre n'est que partielle, est très progressive (et bien distincte du cône d'ombre) : près du bord extérieur de l'ombre complète, seul un faible pourcentage de la lumière solaire est disponible tandis qu'à proximité de celui de la pénombre, c'est près de 100 % de la lumière solaire qui l'est. ■

L'OMBRE DE LA TERRE

Le cerceau blanc correspond au diamètre angulaire du cône d'ombre de la Terre au niveau de l'orbite de la Lune. Il permet de mieux appréhender les rapports de diamètre.

Numériquement, j'ai ajouté des zones plus sombres correspondant à l'ombre (dans le cerceau) et à la pénombre (à l'extérieur du cerceau).

VISIBLE	FRÉQUENT	QUAND ?	2 À 3 JOURS APRÈS DE GROSSES ÉRUPTIONS SOLAIRES
		OÙ ?	VERS L'HORIZON NORD (DANS L'HÉMISPHÈRE NORD)

DES DRAPERIES COLORÉES

QUI TRAHISSENT LES FUREURS DU SOLEIL

LE SOLEIL EST UN ASTRE... LUNATIQUE. IL PEUT SE MONTRER BIENVEILLANT EN ARROSANT GÉNÉREUSEMENT NOTRE TERRE DE SA LUMIÈRE, PUIS CHANGER SUBITEMENT D'HUMEUR POUR ENTRER EN ÉRUPTION, DÉVERSANT DANS LE SYSTÈME SOLAIRE DES CATARACTES DE MATIÈRE.

SI LA TERRE SE TROUVE SUR LE CHEMIN D'UNE DE CES ÉRUPTIONS SOLAIRES, ELLE SE VOIT ARROSÉE DE PARTICULES TRÈS ÉNERGÉTIQUES, PROTONS ET ÉLECTRONS. CES PARTICULES SE HEURTENT À UN BOUCLIER NATUREL, LA MAGNÉTOSPHÈRE, FORMÉE DU PROLONGEMENT DU CHAMP MAGNÉTIQUE TERRESTRE DANS L'ESPACE. EN TEMPS NORMAL, LA MAGNÉTOSPHÈRE EST UN PIÈGE À PARTICULES TRÈS EFFICACE. IMAGINEZ UNE SORTE DE BOUTEILLE MAGNÉTIQUE, RETENANT PROTONS ET ÉLECTRONS ENTRE SES LIGNES DE CHAMP.
LORS D'UNE ÉRUPTION SOLAIRE CEPENDANT, L'AFFLUX BRUTAL DE NOUVELLES PARTICULES VA COMPRIMER ET FAIRE « DÉBORDER » LA BOUTEILLE. UNE PARTIE DES PARTICULES PIÉGÉES RETOMBENT ALORS LE LONG DES LIGNES DU CHAMP MAGNÉTIQUE TERRESTRE, QUI REBOUCLENT AU NIVEAU DES PÔLES.
LORSQU'ELLES FRAPPENT LES MOLÉCULES DE L'AIR À L'ENDROIT OÙ ELLES PÉNÈTRENT L'ATMOSPHÈRE, CES PARTICULES RENDENT L'AIR LUMINESCENT – DE LA MÊME MANIÈRE QU'UN PINCEAU D'ÉLECTRONS FRAPPANT L'ÉCRAN D'UN TÉLÉVISEUR CATHODIQUE PRODUIT UNE IMAGE. APPARAISSENT ALORS DE SPLENDIDES DRAPERIES COLORÉES ONDULANT AU GRÉ DES ASSAUTS SOLAIRES, LES AURORES POLAIRES. LE SPECTACLE EST SI BEAU, SI ENVOÛTANT QUE LES TÉMOINS NE SOUPÇONNENT MÊME PAS LA VIOLENCE DU PHÉNOMÈNE.

CONSEILS D'OBSERVATION

Un horizon nord dénué de pollution lumineuse est un atout précieux. Il vous permettra de repérer les lueurs, d'abord pâles et peu colorées, puis plus lumineuses et saturées correspondant à l'arrivée des bourrasques de vent solaire. La meilleure technique consiste à attendre l'aurore. Pour cela, il suffit de consulter régulièrement le site SpaceWeather.com qui vous avertit lorsqu'une éruption majeure est identifiée. Deux à trois jours plus tard, les particules solaires touchent les environs de la Terre et déclenchent l'apparition de ces draperies.

CONSEILS PHOTO

Rangez vos téléobjectifs qui ne seront d'aucune utilité. Une focale standard (50 mm en argentique ou 30 mm en numérique) ou plus courte permet d'embrasser le phénomène, qui présente peu de structures de petite taille. Optez pour une sensibilité élevée (800 ISO) afin de figer le mouvement de l'aurore et faire apparaître les zones les plus faibles. Réglez la balance des blancs en mode « nuage », voire mieux en RAW. Prenez votre trépied sous le bras, et rendez-vous dans un site où l'horizon nord est photogénique (par exemple bordé d'arbres). Multipliez les photos tout au long de l'apparition de l'aurore en changeant le cadrage et les temps de pose (de 1 à 20 s).

Par sa haute latitude, la Finlande est un pays de rêve pour observer des aurores polaires. Durant les longues nuits d'hiver, en période de forte activité solaire, elles illuminent et agitent le ciel de splendides draperies colorées qui matérialisent les lignes du champ magnétique terrestre. Crédit : Sauli Koski.

DES DRAPERIES COLORÉES

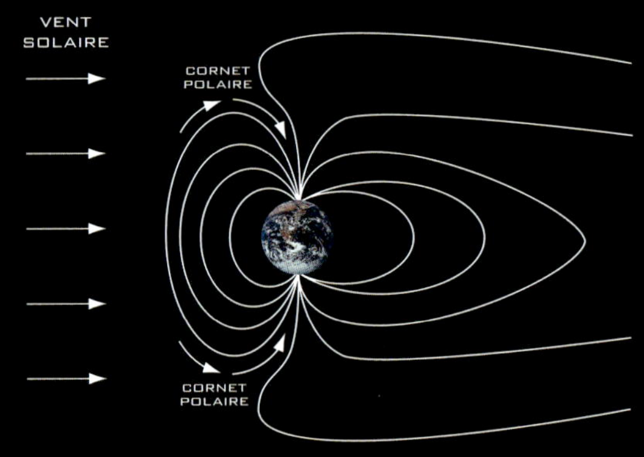

Les particules émises par le Soleil ébranlent la cuirasse magnétique (la magnétosphère) de la Terre au niveau des cônes situés au-dessus des pôles nord et sud : les cornets polaires.

La Terre est constamment bombardée de particules issues du vent solaire. Lors des maxima d'activité solaire, soit en moyenne tous les 11 ans, ce flux de particules se fait plus dense. De temps à autre, suite à des éruptions solaires dirigées dans notre direction, de grosses bourrasques balaient les environs de la Terre. Ces éruptions, appelées éjections de matière coronale, sont constituées de matière chargée électriquement (de particules positives, les protons, et négatives, les électrons) ou non (les neutrons).

La Terre est protégée de ces éruptions par une barrière naturelle : la magnétosphère. Ces vastes lobes magnétiques, semblables à de grandes oreilles naissant au niveau des pôles, font barrage aux particules chargées. Cependant, sous le choc, d'autres particules, déjà stockées dans la magnétosphère, glissent le long des lignes de champ magnétique et finissent par pénétrer dans la très haute atmosphère (entre 100 et 300 km d'altitude) de la Terre, au niveau des cornets polaires.

Cette aurore boréale a été observée en novembre 1991 dans le sud de la France suite à de très violentes éruptions solaires. Elle fut visible pendant une bonne heure sous l'aspect de pâles piliers lumineux évoluant lentement. La couleur rouge est un défaut de la pellicule qui a tendance à dériver vers ces teintes quand la pose dure plusieurs secondes.

Les particules solaires heurtent les rares molécules (l'air est très ténu à ces altitudes) de l'ionosphère, la plus haute couche de l'atmosphère, à une altitude typiquement comprise entre 80 et 150 km. Les molécules sont alors excitées (leur énergie augmente) et reviennent rapidement à leur énergie initiale en émettant de la lumière (un photon). Selon la force de l'excitation, l'altitude et la nature de la molécule excitée, le photon aura une couleur spécifique. C'est pourquoi les couleurs de l'aurore sont réparties selon des zones assez nettes : l'oxygène excité donnera une lumière verte au-delà de 200 km d'altitude, rouge en deçà, tandis que l'azote sera pourpre jusqu'à 100 km, bleu au-delà.

Les aurores polaires sont dites boréales ou australes selon qu'elles apparaissent au pôle nord ou sud. Elles sont fréquemment observées par les habitants vivant à de hautes latitudes (Canada, Islande, Sibérie, etc.) car de faibles éruptions solaires suffisent à illuminer le ciel à la verticale de ces régions du globe. En revanche, lorsque ces bourrasques sont particulièrement violentes, le flux de particules est tel qu'il noie la haute atmosphère, débordant largement des régions polaires. Le ciel s'illumine alors sur de vastes zones visibles jusqu'à des latitudes de 45° (France), voire moins (Espagne, Italie, etc.).

Les aurores prennent l'aspect de draperies qui ondulent plus ou moins rapidement, leur couleur évoluant en fonction de l'énergie du vent solaire. Vues depuis de hautes latitudes, elles peuvent emplir le ciel tout entier. À nos latitudes moyennes, elles revêtent, au mieux, l'aspect de piliers de lumière plus ou moins colorés situés plutôt vers le nord. Sinon, elles se traduisent par une simple lueur bleu électrique moins évidente à remarquer.

Je me souviens bien de l'excitation que j'ai ressentie en observant cette aurore : en direction du nord, tout le ciel jusqu'au zénith était illuminé d'une lueur bleu-vert électrique. J'avais l'impression que le ciel entier s'embrasait ! J'imaginais les flots phénoménaux de particules solaires énergétiques assaillant la magnétosphère terrestre. Sur la photo, le ciel est tout rouge (encore un défaut de dérive chromatique), masqué par un gros cumulonimbus qui rappelle la silhouette de la haie.

VISIBLE	FRÉQUENT	QUAND ?	LE MATIN OU LE SOIR, LORSQUE LA LUNE EST EN CROISSANT
		OÙ ?	LIEU POURVU D'UN HORIZON DÉGAGÉ ET SANS TROP DE POLLUTION LUMINEUSE

LE CLAIR DE TERRE

LA TERRE ÉCLAIRE LA LUNE

VOUS N'Y AVEZ PEUT-ÊTRE JAMAIS PRÊTÉ ATTENTION, MAIS LORSQUE LA LUNE N'EST ÉCLAIRÉE QUE SOUS LA FORME D'UN FIN CROISSANT, IL EST POSSIBLE DE DEVINER LE RESTE DE SES CONTOURS PLONGÉS DANS LA NUIT. ÉLOIGNEZ-VOUS DES LUMIÈRES QUI POURRAIENT GÊNER ET ADMIREZ CETTE PÂLE LUEUR À L'ŒIL NU OU AUX JUMELLES.

LE CROISSANT LUNAIRE EST LA SEULE PARTIE ÉCLAIRÉE DIRECTEMENT PAR LE SOLEIL. POURQUOI VOIT-ON ALORS UN VASTE MORCEAU DE LUNE, PUISQU'IL DEVRAIT ÊTRE PLONGÉ DANS LE NOIR ? C'EST EN FAIT LA LUMIÈRE DU SOLEIL RENVOYÉE PAR LA TERRE QUI ILLUMINE LA SURFACE LUNAIRE !

CONSEILS D'OBSERVATION

Rien de plus facile que d'observer une belle lumière cendrée. Attendez en premier lieu qu'un fin croissant de Lune orne un ciel transparent. Puis rendez-vous dans un site à l'horizon ouest dégagé et dénué de pollution lumineuse. Avant même que le ciel ne soit noir, régalez-vous du spectacle de cette lueur si subtile et si gracieuse. C'est encore plus beau avec des jumelles.

Si le croissant est trop épais, vous serez ébloui. S'il est très fin, la Lune sera très basse et l'atmosphère manquera sans doute de transparence. Parfois, les conditions optimales sont réunies pour offrir l'un des plus beaux spectacles célestes qui soient. C'était le cas pour la photo ci-contre.

CONSEILS PHOTO

La lumière cendrée est très discrète. De plus, elle jouxte un croissant qui, malgré sa finesse, est bien lumineux. Le contraste est donc délicat à gérer.

Poussez la sensibilité de votre appareil photo à 800 ISO. Munissez-le d'un objectif d'au moins 50 mm de focale pour que la Lune soit autre chose qu'un tout petit disque. C'est mieux à partir de 200 mm de focale. Côté temps de pose, il doit être assez court pour limiter la dérive de la Lune pendant la photo. Posez entre 1 et 2 s, à pleine ouverture ou en fermant d'un diaphragme (selon la qualité et la luminosité de votre optique).

Je vous recommande d'opter pour le mode RAW afin de retoucher la balance des blancs après coup. Essayez différents temps de pose et valeurs de diaphragme, en numérique, ça ne coûte rien !

Vous pouvez aussi « stacker » plusieurs photos consécutives (voir p. 221) pour réduire le bruit.

Un croissant de Lune accompagné de sa lumière cendrée est un spectacle si magnifique qu'on souhaiterait le capturer !
Hélas, ce phénomène n'est visible que quelques jours par mois, aux environs de la Nouvelle Lune.

LE CLAIR DE TERRE

La lumière cendrée fait partie des spectacles célestes dont je ne me lasserai jamais ! Comment ne pas être en admiration devant cette pâle lueur sur fond de ciel bleu nuit ?

La Terre est une planète très brillante. Elle a un albédo moyen d'environ 0,35, c'est-à-dire qu'elle réfléchit 35 % de la lumière qu'elle reçoit du Soleil. Lorsque la Lune est en croissant, elle est proche de l'axe Terre-Soleil. Ainsi, vue de la Lune en croissant, la Terre est quasi pleine : son hémisphère éclairé est presque entièrement tourné vers la Lune.
La Lune intercepte une partie de cette lumière du Soleil réfléchie par la Terre. C'est elle qui illumine la partie de notre satellite naturel qui n'est pas directement éclairée par le Soleil. Le génial Léonard de Vinci fut le premier à comprendre l'origine de la lumière cendrée, il y a 500 ans.

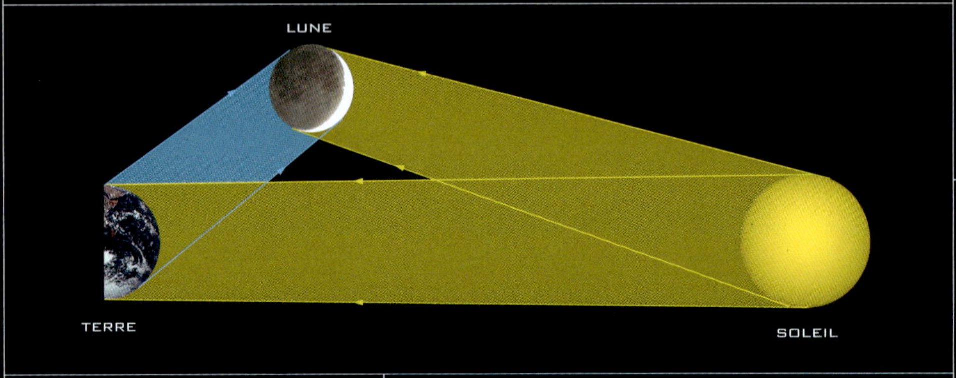

La lumière du Soleil éclaire la Terre qui, à son tour, éclaire la Lune, révélant des régions qui sans cela seraient plongées dans l'ombre. Ce schéma n'est pas à l'échelle.

En gros plan, la pâle lumière cendrée révèle les mers lunaires (zones sombres) et les régions cratérisées (zones claires). La présence du croissant de Lune éblouissant en fait un sujet très contrasté. Il faut choisir de révéler soit la lumière cendrée, soit le croissant lunaire.

Un croissant du matin, belle opportunité de voir la lumière cendrée… à condition d'être matinal !

Des astronomes ont mesuré que la lumière cendrée est un peu plus brillante au printemps de l'hémisphère nord qu'au cours du reste de l'année. Avril serait le mois le plus favorable avec une intensité 10 à 15 % supérieure à la moyenne. Ce sont les nuages (leur albédo atteint 0,5), plus nombreux au printemps, qui augmenteraient l'albédo de la Terre et ainsi enverraient davantage de lumière à la Lune. Personnellement, je ne l'ai jamais remarqué, d'autant plus que visuellement, 10 % représente peu.

La lumière cendrée est bien visible le soir pendant quelques jours après la Nouvelle Lune. Au-delà, la Lune qui approche du quartier devient trop lumineuse et nous empêche de la distinguer. Idem pour la lumière cendrée du matin qui n'est visible que 4 à 5 jours avant la Nouvelle Lune.

Lorsqu'un fin voile nuageux s'interpose entre la Lune et nous, le spectacle ne perd rien de sa beauté tout en se nimbant d'une touche de mystère.

VISIBLE	FRÉQUENT	QUAND?	AU COUCHER OU AU LEVER DU SOLEIL
		OÙ?	LIEU POURVU D'UN HORIZON DÉGAGÉ

DES TACHES SUR LE SOLEIL

LE CRÉPUSCULE D'UN DIEU

LONGTEMPS PERÇU COMME UNE ENTITÉ DIVINE, LE SOLEIL NE POUVAIT ÊTRE QUE PARFAIT. CEPENDANT, DE TEMPS À AUTRE, UNE TACHE NOIRE DEVENAIT VISIBLE À SA SURFACE LORSQU'IL SE LEVAIT OU SE COUCHAIT. LA PATIENTE ET DANGEREUSE OBSERVATION DE CES TACHES A PERMIS AUX HOMMES DE COMPRENDRE BIEN DES CHOSES SUR LEUR ÉTOILE, OUTRE LE FAIT QU'ELLE N'A RIEN DE DIVIN.

L'ACTIVITÉ MAGNÉTIQUE DU SOLEIL SUIT UN CYCLE DE ONZE ANS. CE CYCLE PASSE PAR UN MAXIMUM, LE SOLEIL SE COUVRANT ALORS DE TACHES SOMBRES. LORS DE CES MAXIMA D'ACTIVITÉ, ET PLUS RAREMENT EN DEHORS, CERTAINES TACHES ATTEIGNENT DES DIMENSIONS COLOSSALES ET DEVIENNENT VISIBLES À L'ŒIL NU DEPUIS LA TERRE. LORSQUE LE SOLEIL SE COUCHE OU SE LÈVE ET QU'IL N'EST PAS ÉBLOUISSANT, IL EST POSSIBLE DE LES OBSERVER SANS L'AIDE DE QUELQUE INSTRUMENT QUE CE SOIT, À CONDITION TOUTEFOIS DE PRENDRE LES PRÉCAUTIONS NÉCESSAIRES.

CONSEILS D'OBSERVATION

Le Soleil présente la plupart du temps au moins une tache solaire. En période de maximum d'activité, c'est en moyenne une dizaine de taches qui sont visibles simultanément. Elles sont habituellement de petite taille, et ce n'est que rarement, une à trois fois par an, que l'une d'elles devient suffisamment grosse (plusieurs diamètres terrestres) pour être repérable à l'œil nu.
Bien entendu, quand on observe le Soleil, il faut prendre garde à ne pas perdre la vue, au sens premier du terme! Vous devrez donc soit employer un filtre destiné à l'observation solaire en pleine journée, soit, à condition qu'elle ne soit pas éblouissante, observer notre étoile sans filtre, à l'œil nu, aux jumelles ou à la lunette astronomique, uniquement lorsqu'elle se couche et se lève. Proche de l'horizon, le Soleil est alors très déformé et manque cruellement de netteté.

CONSEILS PHOTO

Pour immortaliser ces grosses taches solaires, vous pouvez soit faire appel à un filtre solaire en pleine journée, soit attendre que le Soleil soit proche de l'horizon et le capturer sans filtre.
Évidemment, une grande focale est vivement recommandée, au moins 100 mm. La lumière ne manque pas, au contraire, puisqu'il arrive qu'il faille diaphragmer fortement pour ne pas saturer le capteur numérique. Travaillez donc à la plus basse sensibilité (100 ou 200 ISO selon les boîtiers), en diaphragmant au moins à 8 ou 11 pour obtenir la meilleure qualité optique. Avec ces réglages, vous devriez pouvoir déclencher à des vitesses plus rapides que le 1/500 s. Un Soleil bas est très rouge: il risque donc de tromper l'appareil photo si vous optez pour une balance des blancs automatique. Choisissez en conséquence une balance des blancs en mode «nuage», qui rendra au Soleil sa couleur orangée.
Si vous utilisez une lunette astronomique en pleine journée, faites comme pour la Lune, réalisez une série de photos que vous allez «stacker» avec *Registax* (voir www.pixheaven.net/leciel.php) pour augmenter sa résolution. Cette technique est inutile au coucher du Soleil, car la turbulence est telle qu'il est illusoire d'espérer améliorer la netteté.

Le Soleil se couche, déformé par des couches d'inversion thermique dans l'atmosphère. Un gros point noir défigure son disque orange. Ce n'est pas un problème d'acné (le Soleil est âgé de 5 milliards d'année), mais la conséquence d'une anomalie magnétique.

DES TACHES SUR LE SOLEIL

Le Soleil se couche derrière le Pic de l'ours (dans le massif de l'Estérel, Var). Une grosse tache solaire (en fait un groupe de petites taches) balafre le disque solaire immédiatement à gauche de l'antenne. L'observation des taches solaires permet d'apprécier le temps que le Soleil met pour tourner sur lui-même, soit environ un mois.

Le Soleil est une gigantesque boule de gaz principalement constituée d'hydrogène et d'hélium. Ce dernier est le produit des réactions de fusion de l'hydrogène qui se déroulent en permanence au cœur du Soleil. Les photons engendrés lors de ce processus se fraient lentement un chemin vers les couches superficielles du Soleil, d'où ils rayonnent ensuite dans l'espace. Cette région superficielle du Soleil est appelée la photosphère, et sa température est de l'ordre de 5 500 °C. Bien que cette température nous paraisse énorme, elle est en fait très basse si on la compare aux 15 millions de degrés qui règnent au cœur de notre étoile. Arrivé au niveau de la photosphère, le gaz, refroidi par rayonnement, devient plus dense et replonge vers les couches situées immédiatement en dessous. Là, il se réchauffe, remonte en surface puis se refroidit de nouveau, parcourant inlassablement le même cycle. C'est un mouvement dit de convection.

À la base de cette zone convective prend naissance un champ magnétique très puissant. Le Soleil tournant sur lui-même de façon inhomogène (l'équateur boucle un tour en 26 jours alors qu'il en faut 31 aux régions situées à 60° de latitude), les lignes du champ magnétique se tordent à la façon d'un élastique tendu que vous faites tourner sur lui-même. Cet entremêlement des lignes de champ conduit à l'apparition de régions où le champ magnétique est si fort qu'il ralentit le gaz qui s'y trouve et l'isole, menant à son refroidissement.

Une tache solaire révèle deux parties distinctes : l'ombre bien noire et la pénombre, plus claire. La tache solaire à gauche du centre évoque un atoll.

Quand le ciel est clair, le Soleil reste très lumineux près de l'horizon. Il est donc difficile d'exposer correctement à la fois le paysage et le Soleil. Souvent, on obtient au mieux un paysage en ombres chinoises.

Or, plus la matière est froide, moins elle émet de lumière. Ainsi, ces zones d'environ 3 500 °C paraissent noires par contraste, car elles sont entourées de matière à 5 500 °C, bien plus lumineuse.
Une tache solaire est typiquement un peu plus petite que la Terre. Une à trois fois par an, il arrive que l'une d'entre elles, ou qu'un groupe serré de taches, atteigne des dimensions considérables (au moins 1/30e du disque solaire) et devienne ainsi visible à l'œil nu, soit à travers un filtre solaire, soit en l'observant lorsque le Soleil se lève ou se couche comme nous l'avons précisé.
Ces grosses taches ont une durée de vie supérieure à celle des petites taches. Elles persistent généralement au moins un mois, la durée nécessaire pour que le Soleil fasse un tour complet sur lui-même. ■

VISIBLE	FRÉQUENT	QUAND ?	EN DÉBUT DE NUIT AU PRINTEMPS, OU EN FIN DE NUIT EN AUTOMNE
		OÙ ?	LIEU SANS AUCUNE POLLUTION LUMINEUSE

LA LUMIÈRE ZODIACALE

IL EST TEMPS DE FAIRE LA POUSSIÈRE !

C'EST L'UN DES PHÉNOMÈNES ASTRONOMIQUES LES MOINS LUMINEUX. VOUS L'AVEZ PEUT-ÊTRE DÉJÀ VUE MAIS SANS LA REMARQUER TANT ELLE EST DISCRÈTE : EN SE PLAÇANT DANS DE BONNES CONDITIONS, LA TRÈS PÂLE LUMIÈRE ZODIACALE S'OBSERVE SANS RÉELLE DIFFICULTÉ.

CETTE VASTE LUEUR SE FORME BIEN AU-DELÀ DE LA TERRE, DANS LES PARAGES DU SOLEIL. CE SONT LES POUSSIÈRES ENTOURANT NOTRE ÉTOILE QUI RÉFLÉCHISSENT SA LUMIÈRE ET FORMENT CETTE BANDE LUMINEUSE. EN FONCTION DES SAISONS, LA LUMIÈRE ZODIACALE EST PLUS OU MOINS BIEN PERCEPTIBLE, CAR DEUX FACTEURS INFLUENT SUR SA VISIBILITÉ.

CONSEILS D'OBSERVATION

Il est impératif de s'éloigner de toute source lumineuse qui parasiterait le ciel et noierait la faible luminosité de la lumière zodiacale. La Lune aussi est à proscrire. De même, assurez-vous qu'aucune ville n'est située au-dessous de la direction dans laquelle elle doit apparaître, car vous seriez gêné par le halo lumineux urbain. Enfin, la nuit doit être totale (ou presque), y compris du côté de l'horizon où se trouve le Soleil.
Restez quelques minutes dans l'obscurité, le temps que votre vision s'acclimate. Puis, tournez-vous dans la direction où doit se lever le Soleil (ou bien là où il s'est couché), et balayez le ciel non loin de l'horizon. Vous devriez repérer une lueur allongée très peu contrastée, inclinée par rapport à la verticale. Elle s'élève le long des constellations du zodiaque jusqu'à environ 45° de hauteur dans le meilleur des cas.
Des jumelles ou un puissant télescope, au champ de vision très restreint, ne vous seront d'aucune aide pour observer un phénomène aussi étendu.

CONSEILS PHOTO

L'étendue du phénomène impose le recours au grand-angle. En numérique, un 18 mm (l'équivalent d'un 28 mm en argentique) est un minimum. Pour ma part, j'utilise un 10 mm qui permet de « concentrer » la lumière zodiacale grâce à son champ très étendu.
Poussez la sensibilité à 800 ISO, voire 1 600 ISO si vous ne craignez pas les photos bruitées. Ouvrez l'objectif au maximum et posez de 30 s (pour un filé d'étoiles minimal) à 5 minutes. Le but est d'amasser le maximum de lumière en un minimum de temps pour pouvoir augmenter le contraste après coup.
Essayez différents temps de pose, même si le ciel au ras de l'horizon commence à s'éclaircir.

Les mois de mars et avril sont les mois idéaux pour repérer la lumière zodiacale. À mesure que la nuit tombe, cette pâle lueur apparaît à l'ouest (au centre de la photo). L'étoile brillante qui se réfléchit dans la mer est la planète Vénus.

LA LUMIÈRE ZODIACALE

Le système solaire est empli de poussières. Plus on approche du Soleil, plus l'environnement est poussiéreux. Par ailleurs, ces poussières sont bien plus nombreuses dans l'écliptique qu'en dehors de ce plan. Chaque poussière renvoie une infime quantité de lumière solaire, mais elles sont si nombreuses qu'elles forment une pâle langue lumineuse.
Lorsque le Soleil se couche et qu'il fait suffisamment noir, il est possible de voir apparaître la lumière cumulée renvoyée par ce nuage de poussière : la lumière zodiacale. Plus on regarde près du Soleil, plus il y a de poussière et plus la lueur est intense. Au contraire, quand on regarde au loin, la quantité de poussière décroît fortement et la lueur finit par s'évanouir.

L'observation de la lumière zodiacale provient donc d'un compromis entre proximité angulaire avec le Soleil et noirceur du ciel. Les astronomes distinguent plusieurs types de crépuscules, en fonction de la position du Soleil sous l'horizon qui détermine la luminosité du ciel.

Au prix de deux minutes de pose, la lumière zodiacale est bien visible, mais de fins nuages éclairés par les villages alentours gênent légèrement. Ce genre de phénomène ne donne toute sa mesure que dans un ciel irréprochable.

Non loin d'une ville de taille moyenne (ici, Quimper), la lumière zodiacale est nettement plus difficile à voir. Elle apparaît légèrement à gauche du centre de la photo, juste au-dessus des nuages orangés.

La lumière zodiacale est de plus en plus soutenue à mesure qu'elle s'élève dans le ciel du petit matin. Puis, sa luminosité se noie rapidement dans les premières lueurs bleutées du début du crépuscule astronomique.

Il existe plusieurs crépuscules. Le premier crépuscule, dit « civil », marque l'entrée dans la nuit. Il débute dès que le sommet du Soleil a disparu en deçà de l'horizon, et se poursuit jusqu'à ce qu'il soit 6° au-dessous. Le ciel est encore assez lumineux. Vient ensuite le crépuscule nautique, lorsque le Soleil est entre 6° et 12° sous l'horizon. Il tire son nom du fait que dans cette position, le Soleil éclaire encore la ligne d'horizon tout en laissant apparaître les premières étoiles, ce qui permettait jadis aux marins de faire le point grâce à un sextant mesurant la hauteur d'étoiles bien connues au-dessus de l'horizon. Enfin, le crépuscule astronomique correspond à un Soleil compris entre 12° et 18° sous l'horizon. Pour le quidam, la nuit semble tout à fait tombée, mais le ciel demeure lumineux au raz de l'horizon où s'est couché le Soleil. Ainsi, pour les astronomes, la nuit ne commence vraiment que lorsque le Soleil se trouve 18° sous l'horizon. Idéalement, il faudrait attendre la nuit noire pour observer la lumière zodiacale, mais le Soleil étant bas, les zones les plus lumineuses (celles proches du Soleil) seraient elles aussi couchées ! ▪▪▪

La nuit noire s'évanouit peu à peu. Le crépuscule astronomique a déjà commencé. Le ciel est déjà bleu à gauche, là où le Soleil finira par se lever, tandis qu'à droite, le ciel est encore sombre. Pour les amateurs de ciels nocturnes, ces moments où la nuit meurt ont quelque chose de poignant.

LA LUMIÈRE ZODIACALE

La photo de gauche a été prise début novembre, au matin. La lumière zodiacale, qui suit l'écliptique, est bien dressée, inclinée vers la droite. Sur la photo de droite, prise début mars, la lumière zodiacale est tout aussi dressée, mais inclinée vers la gauche.

...

Quand peut-on observer la plus belle lumière zodiacale ? Cette dernière suit le plan de l'écliptique. Or, l'inclinaison de l'écliptique sur l'horizon varie au cours des saisons. En hiver, il est très incliné, plus proche de l'horizontale que de la verticale. De ce fait, la lumière zodiacale est proche de l'horizon, donc fortement absorbée par l'atmosphère terrestre. En été, l'écliptique est quasi vertical, mais quand la nuit finit enfin par arriver, il a eu le temps de s'incliner. Ces deux saisons ne sont donc pas idéales.
En revanche, de la fin de l'été et au début de l'automne, le matin, l'écliptique est bien dressé et il fait encore parfaitement noir une heure et demi avant le lever du Soleil. Idem de la fin de l'hiver au début du printemps, le soir. Ce sont donc les deux meilleures périodes de l'année pour contempler la lumière zodiacale.

Le gegenschein est une lueur encore plus pâle que la lumière zodiacale, située à l'opposé du Soleil, le long de l'écliptique. On le devine sur cette photo, où il prend la forme d'une bande claire presque horizontale au-dessus de l'arbre, dans la constellation zodiacale des Poissons.

Il existe une lueur de même nature, mais plus discrète : le gegenschein (ou « lueur opposée » en allemand). Il s'agit d'une zone encore plus faiblement lumineuse située à l'opposé du Soleil. Ce sont les poussières, bien moins denses, situées au-delà de l'orbite de la Terre, qui, à l'instar des poussières responsables de la lumière zodiacale, réfléchissent la lumière du Soleil. Le gegenschein est visible toute la nuit à l'opposé du Soleil. Il est donc préférable de tenter de l'apercevoir à minuit solaire, lorsqu'il est au plus haut dans le ciel, c'est-à-dire en hiver.

Cette zone allongée dans le sens de l'écliptique mesure quelques degrés de large et une dizaine de degrés de long. Le gegenschein est si faible qu'il nécessite un ciel parfaitement transparent et dépourvu de pollution lumineuse (il est invisible en présence de la Lune). De même, s'il est situé au niveau de la voie lactée, le contraste est trop faible pour le détecter. Mieux vaut une zone relativement pauvre en étoiles : c'est donc en novembre quand il est dans les Poissons, et en février quand il se trouve dans le Lion que les conditions sont idéales pour nos latitudes moyennes. ■

VISIBLE	FRÉQUENT	QUAND ?	TOUTE L'ANNÉE
		OÙ ?	LIEU SANS AUCUNE POLLUTION LUMINEUSE

LA VOIE LACTÉE

EN ROUTE VERS LES CIEUX

CEUX QUI PASSENT UNE PARTIE DE L'ÉTÉ HORS DES VILLES LA CONNAISSENT BIEN. CETTE VASTE LUEUR QUI BARRE LE CIEL D'ÉTÉ EN DEUX, PAREILLE À UNE BANDE LAITEUSE, PORTE LÉGITIMEMENT LE NOM DE VOIE LACTÉE.

LA MYTHOLOGIE GRECQUE Y VOYAIT UNE GICLÉE DE LAIT ISSUE DU SEIN DE LA DÉESSE HÉRA, TROP SOLLICITÉE PAR LE JEUNE ET DÉJÀ BRUTAL HERCULE. EN RÉALITÉ, LA VOIE LACTÉE N'EST AUTRE QUE L'AMONCELLEMENT D'ÉTOILES, DE NÉBULEUSES ET DE POUSSIÈRES RÉPARTIES DANS LE PLAN DE NOTRE GALAXIE.

CONSEILS D'OBSERVATION

En été, se plonger dans la voie lactée allongé sur le sable ou dans l'herbe est une chose délicieuse. Cette bande lumineuse est d'autant plus belle que le ciel est transparent, dépourvu de Lune et de pollution lumineuse. De plus, l'œil nu est l'un des meilleurs instruments pour en profiter, même si la contempler à travers des jumelles révèle de magnifiques champs emplis d'étoiles !
C'est en été que la voie lactée est la plus attrayante. Elle émerge de l'horizon sud où elle est la plus brillante (dans le Sagittaire), pour s'élever presque verticalement, en traversant les « Trois Belles d'Été », le vaste triangle rectangle formé par les étoiles les plus brillantes des constellations du Cygne, de la Lyre et de l'Aigle. Une fois vos yeux habitués à l'obscurité (comptez au moins 10 minutes), vous verrez de subtiles différences de densité, car la voie lactée est comme dédoublée par des bandes sombres.

CONSEILS PHOTO

La lumière zodiacale (voir le chapitre précédent) est une bande floue sans détails qui s'accommode fort bien des filés stellaires. On peut donc se permettre de poser longtemps sans réel inconvénient. C'est loin d'être le cas pour la voie lactée, riche en détails quasi ponctuels. Sans suivi sur les étoiles, la voie lactée prendra rapidement un aspect filé qui ne révélera au mieux que des zones brillantes et sombres. Il faudrait donc idéalement suivre la rotation du ciel à l'aide d'une monture équatoriale motorisée pour prévenir toute dérive des étoiles.
Une fois cela précisé, qui dit phénomène étendu dit objectif grand angle. Un objectif fish-eye et quelques minutes de pose permettront d'enregistrer les nuages clairs, mais sans montrer d'étoiles individuelles. Vous pouvez essayer de figer la voie lactée en poussant la sensibilité au maximum, 800 à 1 600 ISO, en ouvrant en grand le diaphragme de l'objectif et en posant quelques dizaines de seconde, avant que les étoiles n'aient le temps de filer. Mais il est clair qu'une monture capable de suivre les étoiles présente un réel avantage pour ce type de photographie.
Pour ma part, j'ai opté pour une solution plus économique (en temps et en argent) : 10 s de pose à 1 600 ISO avec un objectif de 30 mm ouvert à 1,4 sur un simple trépied. Les étoiles ne sont certes pas parfaitement ponctuelles, mais je suis ainsi capable de capturer une magnifique voie lactée sans allongement visible des étoiles. En faisant plusieurs photos tout en décalant le champ photographié, je crée des panoramiques qui me permettent d'augmenter à la fois le champ couvert et la résolution finale. C'est de cette façon qu'ont été réalisées les photos présentées dans ce chapitre.

En décembre (photo de gauche), aux environs de minuit, la voie lactée est une belle bande claire passant à gauche de l'étoile Sirius (dans le Grand Chien) et traversant le Cocher. En août (photo de droite), peu après minuit, la voie lactée est bien plus lumineuse et se dresse, sublime, de l'horizon (constellation du Sagittaire) au zénith (constellation du Cygne). Un phare de l'archipel des Glénan rehausse l'horizon de sa lumière rouge.

Un site minéral se prête bien à la contemplation de la voie lactée: l'atmosphère mystique qui émane de cette installation d'art éphémère – érigée près du port de Lesconil (Finistère) par un artiste qui cherche à rester anonyme – semble de fait se prolonger jusqu'aux cieux.

À droite du centre galactique, la brillante planète Jupiter se réfléchit dans l'océan. À l'œil nu, cette bande laiteuse est sans couleur, mais ses différences de luminosité sont nettement perceptibles.

La partie la plus claire de cette image, juste au-dessus de la pointe de la flèche du Sagittaire, correspond au centre de notre galaxie. C'est de loin la zone la plus brillante de la voie lactée. Pour les régions de latitude moyenne de l'hémisphère nord, elle ne monte malheureusement jamais plus haut que quelques degrés au-dessus de l'horizon.

Notre Soleil est hébergé au sein d'une gigantesque structure : la galaxie de la Voie lactée, qui compte environ 300 milliards d'étoiles. Ses dimensions sont colossales puisqu'il faudrait 100 000 ans pour la traverser à la vitesse de la lumière dans le vide, soit 300 000 km/s !

Cette galaxie ressemble à une lentille aplatie (10 fois moins épaisse que son diamètre) dont le centre serait renflé comme un bulbe. Le Soleil est situé à environ 1/3 du rayon de notre galaxie en partant du bord. Il est donc à quelque 35 000 années-lumière du centre de la Voie lactée.
Imaginez maintenant que la galaxie est emplie d'étoiles. Quand vous regardez en direction de son centre, d'innombrables astres sont visibles le long de la ligne de visée : la lumière cumulée de toutes ces étoiles se traduit par une lueur assez claire.
Si vous regardez maintenant vers la droite ou vers la gauche, toujours dans le plan de la galaxie, vous voyez encore plein d'étoiles, mais un peu moins qu'en regardant en direction du centre : la lumière cumulée est légèrement moins forte, et la lueur un peu moins claire.
Si vous regardez à l'opposé du centre de la galaxie, vous voyez encore moins d'étoiles, car vos yeux « sortiront » rapidement de la galaxie : la lueur est encore plus faible, bien que toujours présente.
En revanche, si vous regardez au-dessus de votre tête et sous vos pieds (en supposant que la Terre soit transparente), la galaxie n'étant pas très épaisse, vous sortez très rapidement du plan. En l'absence d'étoiles, la lueur est inexistante et seules des étoiles individuelles sont visibles.
La voie lactée correspond donc au plan de notre galaxie, vue de l'intérieur.

La Voie lactée n'est pas qu'un ensemble d'étoiles. On y rencontre aussi des nébuleuses (d'immenses nuages de gaz à la luminosité très diffuse) et des nuages de poussières sombres qui masquent ou estompent les étoiles situées au-delà. La voie lactée est donc le cumul d'innombrables étoiles mélangées à des nébuleuses diffuses, le tout contrasté par les zones sombres des nuages de poussière.
En l'observant aux jumelles, on commence à percevoir les étoiles individuellement et à distinguer quelques petites nébuleuses plus claires. C'est encore plus manifeste avec une lunette astronomique.
Le centre de la galaxie, là où se trouve le plus grand nombre d'étoiles et de nébuleuses, est situé dans la constellation du Sagittaire. L'été est le meilleur moment de l'année pour observer cette constellation, qui reste assez basse au-dessus de l'horizon sud pour nos latitudes européennes.

La pollution lumineuse est la grande ennemie de la voie lactée. Pour profiter pleinement du spectacle, il est indispensable de se trouver en un lieu bien sombre.

RÉPONSES EN IMAGES

Bien que très familier, le ciel, ses mécanismes et ses phénomènes sont généralement méconnus. Voici en image(s) les réponses à quelques questions que vous vous êtes sans doute déjà posées.

LA LUNE EST-ELLE PLUS GROSSE À L'HORIZON ?

PEUT-ON LIRE À LA LUEUR DE LA PLEINE LUNE ?

QU'EST-CE QUE LA LUNE BLEUE ET LA LUNE ROUSSE ?

OÙ SONT LES ÉTOILES QUAND IL FAIT JOUR ?

L'ÉTOILE DU BERGER EST-ELLE UNE ÉTOILE ?

LES ÉTOILES FILANTES SONT-ELLES VRAIMENT DES ÉTOILES ?

COMMENT DIFFÉRENCIER LES ÉTOILES DES PLANÈTES ?

JUSQU'OÙ PEUT-ON VOIR À L'ŒIL NU ?

LE CIEL EST-IL EN NOIR ET BLANC ?

LE CIEL EST-IL IMMUABLE ?

LA LUNE EST-ELLE PLUS GROSSE À L'HORIZON ?

NON, C'EST NOTRE CERVEAU QUI NOUS TROMPE

LORSQUE LA LUNE S'ÉLÈVE À PEINE AU-DESSUS DE L'HORIZON, ELLE SEMBLE PLUS GROSSE QU'À L'ACCOUTUMÉE. COMMENT EST-CE POSSIBLE ?

« L'ESSENTIEL EST INVISIBLE POUR LES YEUX » ÉCRIT SAINT-EXUPÉRY DANS UN PASSAGE CÉLÈBRE DU PETIT PRINCE. ET IL AJOUTE « ON NE VOIT BIEN QU'AVEC LE CŒUR ». DE FAIT, NOTRE CERVEAU SEMBLE BIEN MAL OUTILLÉ LORSQU'IL S'AGIT D'ÉVALUER LA TAILLE DE LA LUNE AU-DESSUS DE L'HORIZON.

La Lune n'est pas si grosse que cela. La preuve, elle est à peine plus grande qu'un être humain ! Pour obtenir cet effet, il a fallu photographier la Lune à l'aide d'une grande focale en intercalant un personnage situé à environ 150 m du photographe.

Lorsque la Lune se lève ou se couche, elle semble bien plus grosse que lorsqu'elle est haute dans le ciel. Ce phénomène est baptisé illusion lunaire puisqu'en réalité, son diamètre ne change pas, mis à part un aplatissement provoqué par la réfraction atmosphérique.

Le diamètre apparent (l'angle sous lequel un observateur voit un objet) de la Lune n'est absolument pas plus grand lorsqu'elle se lève ou se couche que lorsqu'elle est au zénith. C'est une illusion. En réalité, si l'on mesure précisément le diamètre apparent de la Lune tout au long de la nuit, on constate même le contraire : la Lune est légèrement plus éloignée de nous (1,5 %) lorsqu'elle est proche de l'horizon, de sorte que son diamètre est alors très légèrement inférieur. Dans la pratique, la différence est toutefois invisible à l'œil nu. Pourquoi notre perception est-elle ainsi en flagrante contradiction avec la réalité physique ? Essentiellement parce que pour notre cerveau, la Lune est un « drôle d'oiseau ».

■ ■ ■

...

Un oiseau en vol ne pourra jamais être plus proche de vous que lorsqu'il passe à votre verticale. Si vous pouvez le suivre du regard, vous verrez sa taille apparente diminuer au fur et à mesure qu'il s'éloignera. Tout se passe comme si notre cerveau, forgé à une époque où les premiers représentants de notre espèce étaient des chasseurs-cueilleurs, prenait la Lune pour un oiseau. Lorsque la Lune est relativement haute dans le ciel, cas le plus fréquent au cours d'une nuit, notre cerveau lui attribue une certaine taille, associée à une impression de relative proximité. Mais lorsque nous apercevons la Lune juste au-dessus de l'horizon, et que sa taille apparente est toujours aussi grande, notre cerveau a la berlue : quel est donc cet étrange corps qui paraît encore si grand bien qu'il soit forcément très loin, puisque au-dessus de l'horizon ? Inconsciemment, il va alors réévaluer à la hausse la taille du satellite naturel, nous donnant l'illusion d'une Lune plus grande qu'elle ne l'est en réalité.

Pour vous convaincre que tout cela n'est qu'une illusion liée aux conditions dans lesquelles nous apparaît la Lune lorsqu'elle se lève, il existe un moyen aussi simple que radical : éliminez le contexte en observant la Lune d'un seul œil rivé à l'extrémité d'un tube de carton. Vous la verrez alors retrouver instantanément sa taille familière. ■

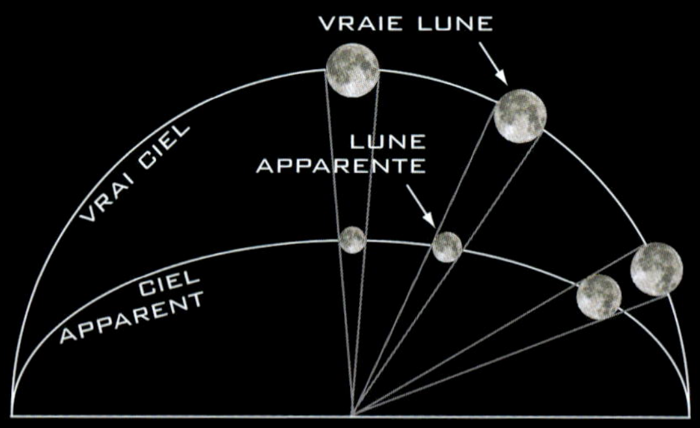

Le Soleil semble lui aussi énorme quand il se couche. Mais la seule chose qui ne soit pas une illusion, c'est qu'il est aplati à cause de la réfraction de l'atmosphère.

La Lune et le Soleil ne sont pas les seuls astres touchés par cette illusion. La constellation d'Orion (en haut de la photo) semble également beaucoup plus grande lorsqu'elle est proche de l'horizon.

PEUT-ON LIRE À LA LUEUR DE LA PLEINE LUNE ?

MON ŒIL...

LA PHOTO SEMBLE L'INDIQUER, MAIS, CETTE RÉPONSE N'EST QUE PARTIELLEMENT VRAIE.

SI, PAR UNE BELLE NUIT D'ÉTÉ, IL VOUS PREND L'ENVIE DE LIRE VOTRE JOURNAL À LA SEULE LUEUR DU CLAIR DE LUNE, VOUS RISQUEZ DE CONNAÎTRE DE SÉRIEUSES DÉCONVENUES. VOUS DÉCHIFFREREZ SANS DOUTE ASSEZ BIEN LES GROS TITRES, MAIS RENONCEREZ TRÈS VITE À VOUS PLONGER DANS LES ARTICLES. ET NE PARLONS PAS D'UN ROMAN...

Certes, il est difficile de lire à la lueur de la Pleine Lune, mais sa luminosité est cependant suffisante pour illuminer efficacement le paysage.

La Pleine Lune, lorsqu'elle est haute dans le ciel, constitue une forte source lumineuse qui étonne toujours par son intensité. En particulier, elle gêne fortement l'observation des astres de faible éclat.

La vache n'est pas à proprement parler un animal nocturne… Cependant, les nuits de Pleine Lune (l'astre est en haut, en dehors du cadre), elle parvient tout de même à chasser sa proie de prédilection : le brin d'herbe.

Les bâtonnets, cellules visuelles qui tapissent le pourtour de notre rétine, sont très sensibles à la moindre stimulation lumineuse. Mais cette vision périphérique, peu précise, est très mal adaptée à la lecture, qui nécessite de distinguer clairement non seulement les contours des lettres, mais aussi les lettres elles-mêmes.

Pour vous faire une idée de ce que donne la lecture d'un texte de taille normale au seul éclat de la Pleine Lune, tenez ce livre à bout de bras et essayez de lire les premiers mots de chaque ligne de ce paragraphe en regardant le fond noir compris entre la photo et le texte. Fatigant et peu efficace, non ? Il est sans doute temps de rallumer la lumière. ■

Saviez-vous que Vénus est suffisamment brillante pour produire des ombres ? Ici, je fais face à la brillante planète et mon ombre est visible sur le mur blanc. Cette ombre est étonnamment nette, car Vénus est une source de lumière très ponctuelle, bien plus que le Soleil ou la Lune. Pour observer cette ombre, la nuit doit être totale, et le ciel pas trop pollué par la lumière parasite.

QU'EST-CE QUE LA LUNE BLEUE ET LA LUNE ROUSSE?

DES VERTES ET DES PAS MÛRES

À DE TRÈS RARES EXCEPTIONS PRÈS, LA LUNE N'A PAS PLUS DE COULEUR PARTICULIÈRE QU'ELLE N'A DE CÔTÉ OBSCUR.

LA LUNE, ASTRE FAMILIER, A HÉRITÉ AU FIL DU TEMPS DE NOMBRE DE QUALIFICATIFS PLUS OU MOINS FANTAISISTES SELON LA SAISON À LAQUELLE ELLE NOUS MONTRE SON PLUS LUMINEUX VISAGE. CEUX AYANT TRAIT À SA PRÉTENDUE COULEUR SONT LES PLUS CONNUS. ET IL LEUR ARRIVE MÊME, TRÈS EXCEPTIONNELLEMENT, D'ÊTRE TOUT À FAIT PERTINENTS.

Pour les anglophones, et plus particulièrement les Américains, cette Pleine Lune de septembre est la « Lune des moissons », car elle correspond à la saison des récoltes outre-atlantique. En l'absence d'éclairage artificiel, elle permettait jadis aux agriculteurs de travailler toute la nuit si nécessaire afin de moissonner les grains parvenus à maturité avant qu'ils ne se gâtent. En France, elle mériterait plutôt le nom de « Lune des vendanges ».

La Lune bleue est le nom donné à la seconde Pleine Lune qui se produit au cours d'un même mois calendaire. L'intervalle séparant deux Pleines Lunes étant de 29,5 jours, l'événement ne se produit que tous les deux ans et demi à trois ans – et bien sûr jamais en février ! Contrairement à ce que son nom pourrait laisser penser, une « Lune bleue » présente strictement le même aspect blanchâtre que n'importe quelle autre Pleine Lune. Alors, pourquoi ce qualificatif ? Ce fut sans doute à l'origine une façon de souligner la rareté de l'événement. Car il existe effectivement des circonstances, rarissimes, dans lesquelles la Lune peut se parer d'une surnaturelle teinte bleue. Ce fut notamment le cas au XIXe siècle, après la gigantesque éruption du volcan Krakatoa en 1883, dans le détroit de la Sonde entre Java et Sumatra. Les millions de tonnes de minuscules poussières injectées dans la haute atmosphère par le volcan présentaient la taille adéquate, de l'ordre du micron, pour diffuser de façon privilégiée la lumière rouge et donner à la Lune un aspect bleuté. L'événement se reproduit parfois, à une échelle beaucoup plus locale, lors de feux de forêts dont les suies ont une taille comparable.

Quant au terme de Lune rousse, il est généralement employé dans deux circonstances très différentes. Les jardiniers nomment ainsi la Pleine Lune qui suit la fête de Pâques, laquelle aurait la fâcheuse propriété, lorsqu'elle n'est pas masquée par les nuages, de « roussir » (c'est-à-dire de faire geler) les jeunes pousses d'une nature sortant de l'hiver. Aucun rapport avec la couleur de la Lune donc mais bien plutôt une évocation poétique des gelées tardives, lesquelles ont effectivement plus de chance de se produire lorsque le ciel n'est pas couvert de nuages et que la Lune est nettement visible.

Pour les astronomes en revanche, la Lune ne mérite le qualificatif de rousse que lorsqu'elle se trouve plongée dans l'ombre de la Terre lors d'une éclipse (voir p. 59), ou qu'elle commence tout juste à s'élever au-dessus de l'horizon au moment de son lever (et symétriquement à son coucher). Sa couleur mordorée s'explique alors par les processus physiques évoqués p. 64. ■

La « Lune rousse » mérite vraiment son nom lorsqu'elle se lève ou se couche et prend une teinte rouge très marquée.

La Pleine Lune du mois de mai est appelée « Lune des fleurs » car à la fin du printemps, elle apparaît en plein réveil de la nature.

OÙ SONT LES ÉTOILES QUAND IL FAIT JOUR ?

24/24 H, 7/7 J

QUAND VIENT LE JOUR, ÉTOILES ET PLANÈTES ONT BIEN DU MAL À SE FAIRE UNE PLACE AU SOLEIL. CERTAINES ARRIVENT MALGRÉ TOUT À PERCER.

MÊME EN PLEIN MIDI, IL Y A TOUJOURS DES ÉTOILES ET DES PLANÈTES AU-DESSUS DE NOS TÊTES. ELLES SONT SIMPLEMENT MASQUÉES À NOTRE VUE PAR LA LUMINOSITÉ DU CIEL, LUI-MÊME DIFFUSANT LA LUMIÈRE DU SOLEIL. CERTAINES SONT CEPENDANT SI BRILLANTES QUE, EN SACHANT EXACTEMENT OÙ ELLES SE TROUVENT, ET AVEC DES CIEUX TRÈS PURS, IL EST POSSIBLE DE LES OBSERVER À L'AIDE D'UNE SIMPLE PAIRE DE JUMELLES OU D'UNE PETITE LUNETTE.

Lorsqu'il fait jour, les astres nocturnes disparaissent, masqués par la luminosité du ciel bleu. Vénus, par son éclat, demeure visible. Elle est relativement facile à repérer à l'œil nu lors d'un rapprochement avec un croissant de Lune, nettement plus aisé à voir. C'est, avec la Lune, le seul astre facilement visible sans instruments.

À l'œil nu, il est impossible de faire la mise au point à l'infini : l'éclat des astres s'en voit dilué, empêchant toute observation. En l'absence de Lune à proximité, commencez par essayer de repérer Vénus avec des jumelles, en prenant bien garde à ne pas balayer le Soleil dans le champ de l'instrument (placez-vous à l'ombre par exemple). Après avoir localisé la planète par rapport au paysage (en vous aidant des branches d'un arbre comme sur cette photo), tentez de l'observer à l'œil nu.

Certains astronomes amateurs refusent obstinément de renoncer à leur passion pour les astres sous prétexte que le Soleil – qui n'est jamais qu'un astre beaucoup plus lumineux que les autres – s'est levé. Ils tentent alors de poursuivre leurs observations en plein jour, non sans un certain succès. C'est souvent au terme d'une nuit voyant Vénus apparaître au petit matin qu'ils rechignent à remballer leur matériel. La deuxième planète du système solaire est en effet si brillante que, pour peu qu'on l'ait suivie depuis l'aube, il est possible de la traquer pendant une bonne partie de la journée, même à l'œil nu. Jupiter n'est pas mal non plus, mais il faut savoir précisément où elle se trouve et posséder au moins une paire de jumelles pour espérer la dénicher dans un ciel inondé de lumière.

Certains, bénéficiant de cieux très purs, n'hésitent pas à se lancer dans l'observation diurne de lointaines étoiles. Les meilleurs résultats sont obtenus avec les étoiles brillantes et rouges, comme Aldébaran, l'œil rouge du Taureau, ou Bételgeuse, l'épaule d'Orion, car le rouge est la couleur qui contraste le mieux avec le bleu du ciel.

Enfin, il arrive parfois que le noyau d'une comète connaissant un brusque sursaut d'activité devienne lui aussi visible en plein jour, comme ce fut le cas en janvier 2007 avec la comète McNaught. Un événement cependant rarissime, puisqu'il ne se produit guère plus de deux fois par siècle. ■

L'ÉTOILE DU BERGER EST-ELLE UNE ÉTOILE ?

NON, C'EST LA PLANÈTE VÉNUS

L'ÉTOILE DU BERGER PORTE BIEN MAL SON NOM. CE N'EST PAS UNE ÉTOILE, MAIS LA PLANÈTE VÉNUS ! DE TAILLE SIMILAIRE À LA TERRE, VÉNUS RÉFLÉCHIT PARTICULIÈREMENT BIEN LA LUMIÈRE DU SOLEIL, CE QUI EN FAIT L'ASTRE LE PLUS BRILLANT DU CIEL, HORMIS LA LUNE ET LE SOLEIL BIEN SÛR. CETTE PLANÈTE N'EST VISIBLE QUE PEU AVANT LE LEVER DU SOLEIL, OU JUSTE APRÈS SON COUCHER.

Un soir de septembre, la brillante Vénus (à gauche) rivalise d'éclat avec Jupiter (à droite) et la Lune. Jupiter, le roi du système solaire, paraît bien pâle !

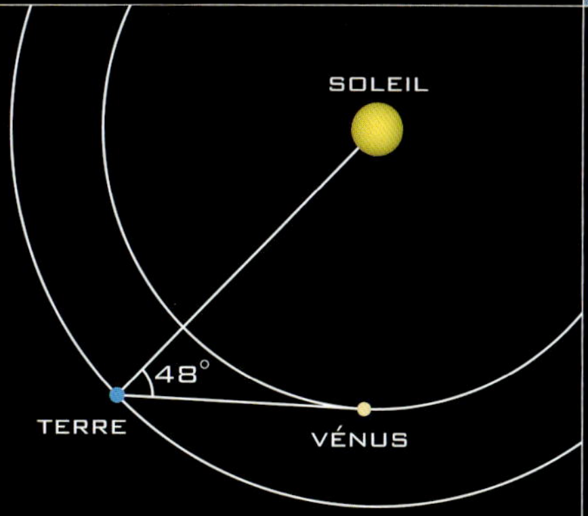

Aucune autre planète ne s'approche autant de nous que Vénus. Au plus près, la Terre et Vénus ne sont distantes l'une de l'autre que de 41 millions de kilomètres (pour mémoire, la distance Terre-Soleil vaut 150 millions de kilomètres). Cette proximité toute relative, ajoutée au fait que Vénus est recouverte de nuages renvoyant la majeure partie de la lumière qu'ils reçoivent du Soleil, font de la deuxième planète du système solaire l'objet le plus brillant du ciel terrestre nocturne après la Lune.

Vue de la Terre, Vénus, tournant autour du Soleil sur une orbite beaucoup plus resserrée que la nôtre, s'écarte au maximum de 48° de l'astre du jour (voir le schéma ci-dessus). Ainsi, selon les positions relatives de la Terre et de Vénus, cette dernière est alternativement visible juste avant le lever du Soleil, ou immédiatement après son coucher: exactement la bonne heure pour rentrer les moutons avant que le loup ne pointe le bout de son museau!

Au petit matin, la Lune se reflète dans la mer. Un autre astre bien brillant l'accompagne: c'est la brillante étoile du Berger, c'est-à-dire la planète Vénus. Elle est suffisamment lumineuse pour se réfléchir elle aussi dans l'eau.

LES ÉTOILES FILANTES SONT-ELLES VRAIMENT DES ÉTOILES ?

QUAND LA TERRE FAIT LA POUSSIÈRE DANS LE SYSTÈME SOLAIRE

LES ÉTOILES FILANTES NE SONT ABSOLUMENT PAS DES ÉTOILES, NI MÊME DES POUSSIÈRES D'ÉTOILES, MAIS DES POUSSIÈRES DE COMÈTES SE CONSUMANT DANS L'ATMOSPHÈRE TERRESTRE.

AVANT DE CONNAÎTRE LEUR FLAMBOYANT FINAL, LES POUSSIÈRES DONNANT NAISSANCE AUX MÉTÉORES (C'EST LE NOM SCIENTIFIQUE DES ÉTOILES FILANTES) ONT ÉTÉ LIBÉRÉES DANS LE SILLAGE DES COMÈTES, AU MOMENT OÙ CES GRANDES VOYAGEUSES APPROCHAIENT DU SOLEIL. LA CHALEUR DE CE DERNIER A EN EFFET VAPORISÉ UNE PARTIE DE LA GLACE CONTENUE DANS LE NOYAU DE CES « BOULES DE NEIGE SALE ».

Dans la nuit du 12 au 13 août, la nuit la plus favorable de l'année pour observer des étoiles filantes, deux météores de l'essaim des Perséides griffent la nuit : une bien verte à droite de la voie lactée, et une plus faible en bas de la précédente au ras des nuages.

Les violents dégazages cométaires entraînent avec eux de minuscules poussières, souvent plus petites qu'un grain de sable, lesquelles vont former différentes veines plus ou moins denses en débris le long de la trajectoire de la comète.

Lorsque la Terre vient à couper une de ces trajectoires cométaires, les poussières entrent dans l'atmosphère à une vitesse pouvant dépasser les 70 kilomètres par seconde. Frottez vos mains l'une contre l'autre : ça chauffe. Imaginez maintenant que vous puissiez les bouger à une vitesse dépassant les 250 000 km/h : ça brûle ! C'est le moment où jamais de faire un vœu...

Vous entendrez souvent parler dans les médias de « pluies » ou « d'essaims » d'étoiles filantes. Il s'agit en fait des périodes de l'année, généralement étalées sur quelques jours, où la Terre coupe le sillage encombré de poussières d'une comète.

Les pluies les plus connues sont celles des Léonides, semblant provenir de la constellation du Lion, vers le 17 novembre de chaque année, et celle des Perséides jaillissant de Persée autour du 12 août. Pour les observer, rien de mieux que de se glisser dans un sac de couchage adapté à la saison et de s'allonger sur une chaise longue. Phénomène fugitif et pouvant se produire à peu près partout dans le ciel, vos yeux seront de loin le meilleur instrument pour les admirer. ■

Les étoiles filantes appartenant à un même essaim semblent surgir d'un même point du ciel appelé « radiant ». Cette photo prise pendant la tempête d'étoiles filantes des Léonides de 2002 montre trois étoiles filantes qui sont apparues sur une durée de 30 s environ. De tels taux horaires sont rares.

En hiver, c'est l'essaim d'étoiles filantes des Géminides, visible à la mi-décembre, qui est le plus beau. Alors que je prenais une des 21 photos nécessaires à la réalisation de ce panoramique (qui s'étend de l'horizon sud-est, à gauche, à l'horizon nord-ouest, à droite), une belle Géminide m'a fait la grâce de passer devant l'objectif. Pendant ce temps, l'appareil photo visible à gauche de l'image prenait inlassablement des photos au rythme d'une pose de 60 s toutes les minutes à l'aide d'un objectif très grand-angle (10 mm ouvert à 4). Malgré plus d'une heure et demi de pose, pas une seule étoile filante dans le champ photographié !

COMMENT DIFFÉRENCIER LES ÉTOILES DES PLANÈTES ?

STAR OU VAGABONDE ?

VUES DEPUIS LA TERRE, COMMENT DISTINGUER LES ÉTOILES, QUI SONT DE LOINTAINS SOLEILS, DES PLANÈTES, QUI NE SONT QUE LES MIROIRS DE NOTRE SPLENDIDE ÉTOILE ?

DÈS QUE VOUS AUREZ EU L'OCCASION DE VOIR L'ŒIL ROUGE DE MARS VOUS FIXER SANS CILLER TOUTE UNE NUIT DURANT, VOUS POURREZ TÉMOIGNER PAR VOUS-MÊME DE LA PARTICULARITÉ FLAGRANTE QUI PERMET DE DISTINGUER ÉTOILES ET PLANÈTES : LA LUMIÈRE DES ÉTOILES SEMBLE VACILLER COMME LA FLAMME D'UNE BOUGIE (ON DIT QU'ELLE SCINTILLE), ALORS QUE LES PLANÈTES PRÉSENTENT UN ÉCLAT BEAUCOUP PLUS STABLE.

Les deux « étoiles » brillantes au centre de la photo sont Saturne (à gauche, en train de traverser l'amas d'étoiles du Cancer en juin 2006) et Mars (à droite). Plus à droite se trouvent Castor et Pollux, les étoiles principales des Gémeaux qui pourraient tout à fait être prises pour des planètes si l'on oubliait leur apparente immobilité à l'échelle d'une vie humaine.

Sur cette photo se cache une planète : c'est Mars, l'astre rouge éclatant situé contre l'une des cornes du Taureau. Son diamètre apparent sur l'image est la conséquence d'une légère brume qui a diffusé la lumière de la planète. A priori, rien ne la distingue d'une étoile !

Si les étoiles nous apparaissent sous la forme de sources lumineuses ponctuelles, c'est parce qu'elles sont très éloignées. Lorsque le maigre rayon lumineux en provenance de cette lointaine étoile se fraie un chemin jusqu'à nos yeux, il commence par être dévié dès qu'il entre en contact avec l'atmosphère. C'est la fameuse « réfraction », déjà évoquée à de nombreuses reprises dans cet ouvrage. Mais le rayon lumineux n'est pas au bout de ses peines : il va encore lui falloir traverser des masses d'air de températures et de densités différentes, donc présentant des indices de réfraction légèrement différents, et animées de mouvements chaotiques. Le résultat, c'est que l'étoile semble saisie d'étranges palpitations : c'est la conséquence des effets de la turbulence atmosphérique sur le mince rayon lumineux qu'elle darde dans notre direction.

Les rayons lumineux en provenance des planètes sont soumis aux mêmes aléas. Ils ont cependant un secret : ils arrivent en force. Vue depuis la Terre, même la plus lointaine des planètes visibles à l'œil nu, Saturne, se présente non pas sous la forme d'un simple point lumineux, mais d'un disque. La surface de ce petit disque, si on ne peut la distinguer à l'œil nu, est la source d'une multitude de rayons lumineux, chacun présentant un parcours légèrement différent des autres. Aussi, chaque rayon connaîtra des perturbations, mais le faisceau qu'ils forment ensemble présentera en moyenne un aspect beaucoup plus stable que celui des minces rayons issus des étoiles.

Autre moyen de reconnaître une planète, sa position dans le ciel. Car si le mot *planète* vient du grec « errante », façon pour les anciens de signaler que ces astres se déplaçaient sur le fond immuable des étoiles, ces célestes vagabondes ne divaguent cependant jamais totalement. Elles sont toujours comprises dans une bande de ciel assez étroite dont le centre est occupé par l'écliptique, la trajectoire apparente du Soleil dans le ciel au cours d'une année. L'écliptique relie 12 constellations dont vous connaissez forcément les noms : ce sont celles des signes du zodiaque. Si l'astre que vous observez ne se trouve pas dans les limites d'une de ces constellations, l'affaire est entendue : ce n'est pas une planète. ■

En 2003, Saturne était proche de l'extrémité de la corne du Taureau (voir photo). Puis, après avoir traversé les Gémeaux, elle fut hébergée par le Cancer en 2006. Elle est actuellement dans la constellation du Lion. Fin 2009, elle pénétrera dans la Vierge. Les planètes ne cessent d'errer. Et encore, parmi les planètes facilement visibles à l'œil nu, Saturne est la plus lente !

JUSQU'OÙ PEUT-ON VOIR À L'ŒIL NU ?

C'EST ENCORE LOIN L'INFINI ?

NOS YEUX SONT DE FORMIDABLES OUTILS POUR OBSERVER L'UNIVERS. DU MOINS JUSQU'À UN CERTAIN POINT...

LONGTEMPS, L'HUMANITÉ N'A EU QUE SES YEUX POUR CONTEMPLER LA VOÛTE CÉLESTE, SANS MÊME SE DOUTER DES PROFONDEURS IMMENSES QUI S'OFFRAIENT À SA VUE.

Les étoiles ayant une luminosité intrinsèque très variable, il est illusoire d'espérer estimer leurs distances relatives en fonction de leur éclat. Ainsi, les trois étoiles les plus brillantes de cette photo, quoique d'un éclat comparable, sont pour l'une à 3 000 années-lumière (Deneb, tout en haut), tandis que Véga (à droite) et Altaïr (à gauche) ne sont respectivement qu'à 24 et 17 années-lumière de distance !

L'objet le plus lointain que nos yeux sont capables de voir sans instrument d'optique est la grande galaxie d'Andromède, ou « M31 » pour les intimes. C'est une galaxie spirale très semblable à la nôtre, comptant une myriade d'étoiles. Pourtant, observés à plus de deux millions d'années-lumière de distance, les feux cumulés de ces centaines de milliards de soleils n'apparaissent que sous la forme d'une pâle tache floue.

Qui plus est, cette fugitive vision ne demande qu'à s'évanouir lorsqu'on veut la placer au centre de notre regard. Ce réflexe vient du fait que c'est là, au centre de nos rétines, que se trouvent les cellules visuelles les plus à même de nous révéler avec précision les détails de l'environnement, qu'il s'agisse des couleurs ou des formes. Ces cellules, appelées cônes, font merveille en plein jour, mais s'avèrent désespérément inefficaces une fois la nuit tombée. Les cônes centraux passent alors le relais aux cellules en bâtonnets situées en périphérie de la rétine : la sensibilité y gagne ce que la netteté y perd.

Toutefois, même dans ces conditions visuelles dégradées, le spectacle de la galaxie d'Andromède garde son pouvoir de fascination : songez que la faible lumière qui nous en parvient aujourd'hui a été émise il y a plus de 2 millions d'années, à une époque où nos lointains ancêtres commençaient à peine à descendre de leurs arbres. Plonger le regard dans les abîmes qui nous séparent de la galaxie d'Andromède, c'est aussi s'embarquer pour un saisissant voyage dans le temps, jusqu'à l'aube de l'humanité. ■

La tache allongée en haut et au centre de la photo est l'objet le plus lointain visible à l'œil nu sans trop de difficultés. Il s'agit de la grande galaxie d'Andromède située à un peu plus de 2 millions d'années-lumière ! Preuve que notre œil est capable de prouesses… à condition que l'astre observé soit intrinsèquement brillant.

LE CIEL EST-IL EN NOIR ET BLANC ?

LA NUIT, TOUS LES CHATS SONT GRIS

L'AMATEUR DE NUITS ÉTOILÉES SERAIT-IL CONDAMNÉ À NE VOIR L'UNIVERS QUE SOUS L'ASPECT D'UN VIEUX FILM EN NOIR ET BLANC ?

NON, LE CIEL NOCTURNE N'EST PAS EN NOIR ET BLANC. IL EST MÊME RICHE D'UNE INCROYABLE VARIÉTÉ DE COULEURS, AINSI QU'EN TÉMOIGNENT LA PLUPART DES PHOTOS DE CET OUVRAGE. MAIS FORCE EST DE CONSTATER QUE NOS YEUX NE SONT PAS LES INSTRUMENTS LES MIEUX ADAPTÉS À LA CAPTURE DES COULEURS DE L'UNIVERS.

La couleur de la Lune est moins uniforme qu'il n'y paraît. En poussant fortement la saturation des couleurs, il est possible de voir apparaître de frappantes différences de teintes, notamment dans la Mer de la Tranquillité et le long du rebord intérieur de la Mer de la Sérénité, dont le bleu est visible à travers un petit instrument.

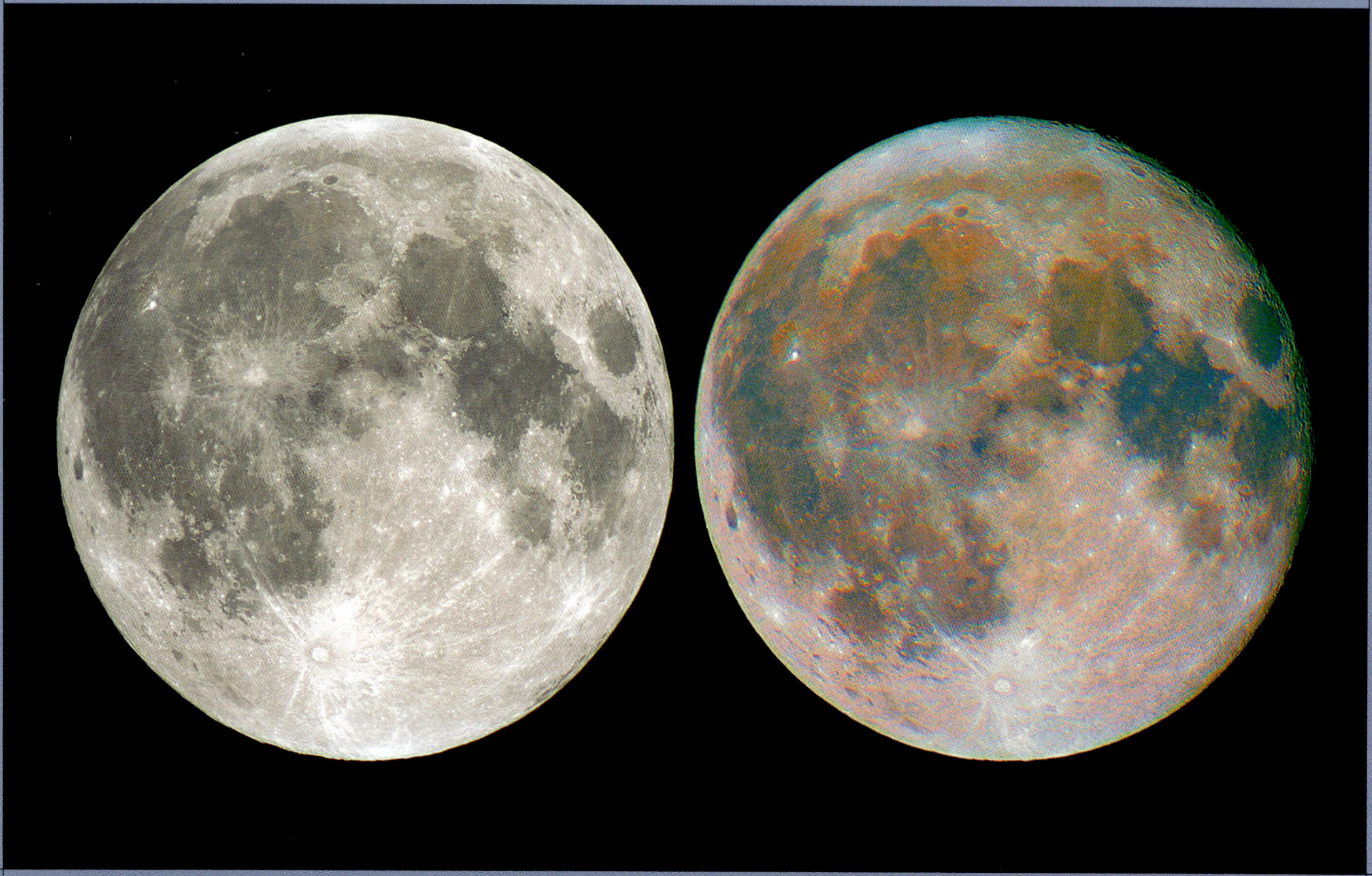

Sur cette photo, la nature multicolore du ciel nocturne saute aux yeux : certaines étoiles présentent des couleurs bien marquées, mais les nébuleuses aussi ont leur couleur, comme en témoigne la traînée rouge au sommet du bâtiment, laissée par la grande Nébuleuse d'Orion.

Lorsque nous observons un ciel nocturne, nous y distinguons essentiellement le noir de la nuit et le blanc étincelant des étoiles. Est-ce là tout ce que le ciel de nuit a à nous offrir ? Non, car un examen plus attentif nous révèle bientôt de subtiles nuances, en tout cas pour les plus brillantes des étoiles. Ainsi, certaines s'avèrent posséder une teinte rouge plus ou moins prononcée, tandis que d'autres arborent au contraire des reflets bleutés, nuances colorées directement liées à leur température selon une logique inverse à celle des robinets : le rouge correspond aux étoiles les plus froides, et le bleu aux plus chaudes. Mais plus l'éclat des astres observés diminue, plus ces derniers se fondent dans une spectrale blancheur. Pourquoi ? ...

...

Comme nous l'avons déjà évoqué à plusieurs reprises, nos yeux possèdent deux principaux types de cellules photoréceptrices, les cônes et les bâtonnets. Les cônes, parfaitement adaptés à la vision diurne, ne fonctionnent qu'au-delà d'une certaine luminosité, et c'est grâce à eux que nous voyons les couleurs. Ils se subdivisent en effet en trois catégories, selon leur sensibilité au bleu, au rouge ou au vert. C'est à partir de l'intensité du signal envoyé par chaque type de cônes que le cortex visuel va interpréter les couleurs de notre environnement. Les cônes ont toutefois besoin d'une certaine intensité lumineuse pour fonctionner. En deçà, seuls les bâtonnets seront stimulés, lesquels sont capables de distinguer des flux lumineux de très faible intensité mais pas leur couleur. La nuit, pour nos yeux, toutes les nébuleuses sont grises, même lorsqu'elles sont en réalité constituées des plus chatoyantes couleurs. ■

Pour voir les couleurs, notre œil a besoin d'une quantité de lumière importante. En photo, il suffit de quelques secondes de pose pour révéler les couleurs du ciel, comme la queue bleue constituée de gaz (appelée la queue d'ionisation) de la comète Hale-Bopp, ou la présence d'une pâle nébuleuse rouge (au-dessus à droite de la queue bleue).

La voie lactée est si pâle que notre œil a toutes les peines à y distinguer la moindre couleur : elle nous paraît grise. Et pourtant, une photo révèle la richesse de ses teintes orangées (dues à la poussière) et quelques nébuleuses gazeuses rouges.

LE CIEL EST-IL IMMUABLE?

« MOBILIS IN MOBILE »

SI L'ON FAIT ABSTRACTION DE LEUR SCINTILLEMENT, LES ÉTOILES SEMBLENT DESSINER DES MOTIFS ÉTONNAMMENT STABLES SUR LA VOÛTE CÉLESTE. QU'EN EST-IL VRAIMENT ?

NON, LE CIEL N'EST PAS IMMUABLE. LES ÉTOILES, QUI SONT LES ASTRES VISIBLES LES PLUS NOMBREUX AU-DESSUS DE NOS TÊTES, SONT COMME LES ÊTRES VIVANTS : ELLES NAISSENT, BRILLENT DE MILLE FEUX PUIS FINISSENT PAR MOURIR, TOUT EN AYANT PARCOURU ENTRE-TEMPS DES CENTAINES DE MILLIARDS DE KILOMÈTRES DANS L'ESPACE. IL RESTE QUE CES ÉVÉNEMENTS SE DÉROULENT SUR DES ÉCHELLES DE TEMPS ET DE DISTANCE SI VASTES, QU'ILS SONT POUR LA PLUPART INACCESSIBLES AUX CRÉATURES ÉPHÉMÈRES QUE NOUS SOMMES. SEULES LES PLANÈTES – ET SURTOUT QUELQUES RARES COMÈTES – ACCEPTENT DE NOUS MONTRER SANS DÉTOUR QUE L'ESPACE EST UN SÉJOUR BIEN PEU RECOMMANDABLE POUR QUI ASPIRE AU REPOS ABSOLU.

Mira, l'étoile orangée au niveau du sommet des branches, entre les deux arbres, est l'une des étoiles dont l'éclat varie avec la plus forte amplitude. Sur une période de 331 jours, elle passe de la magnitude 2, où elle est alors parfaitement visible à l'œil nu, à la magnitude 10, un éclat si faible qu'un instrument est absolument nécessaire pour la détecter. Crédit : Stefan Seip.

En octobre 2007 en quelques heures à peine, la comète Holmes qui n'était qu'un pâle astre à peine visible dans un puissant télescope est devenue parfaitement repérable à l'œil nu. De tels événements créent un légitime émoi dans une communauté peu habituée aux surprises, puisque la mécanique céleste permet habituellement d'anticiper des mois, voire des années en avance l'aspect des cieux.

Vue depuis la Terre, Sirius, l'étoile la plus brillante du ciel, met 1 300 ans pour parcourir une distance angulaire équivalente au diamètre de la Pleine Lune. Largement de quoi mourir d'ennui avant d'avoir remarqué le moindre déplacement… Et Sirius est pourtant, au milieu des quelque 2 000 étoiles que le regard peut théoriquement embrasser autour d'elle, l'une des plus rapides.

Aussi, si de semaine en semaine vous pensez avoir repéré une étoile se déplaçant par rapport aux autres, soyez certain qu'il s'agit d'une des cinq planètes visibles à l'œil nu, Mercure, Vénus, Mars, Jupiter ou Saturne. Encore que cette dernière soit si éloignée de nous qu'il vous faudra faire preuve d'un soin tout particulier pour remarquer son déplacement par rapport aux étoiles d'arrière-plan.

Fort heureusement, la sphère des fixes, à peine troublée par la tournoyante errance des planètes, est régulièrement égayée par quelque astre chevelu jailli des confins du système solaire. 2007 fut à ce titre une année exceptionnelle, avec pas moins de deux comètes brillantes à observer, McNaught et Holmes.

Enfin certaines étoiles, telle Mira de la constellation de la Baleine, approchant de la fin de leur existence, connaissent des variations d'éclat suffisamment spectaculaires pour passer de l'ombre à la lumière en l'espace de quelques mois. Elles hoquèteront ainsi encore quelque temps avant de se transformer en nébuleuses planétaires, dernier stade marquant le début de la dispersion définitive de leur enveloppe extérieure dans le milieu interstellaire. Dans le cas de Mira, la fin est imminente à l'échelle des temps astronomiques : cela peut être demain, comme dans plusieurs milliers d'années… L'observation du ciel est autant une école de patience que d'humilité. ■

À de trop rares occasions, les cieux nous offrent de belles surprises, comme la magnifique comète McNaught, si brillante qu'il était possible de la voir à l'œil nu, même en plein jour, au tout début de l'année 2007. Ce type d'apparition est de ceux qui rompent le plus violemment avec l'immuabilité apparente du ciel.

PARAMÈTRES DE PRISE DE VUE

PAGE	BOÎTIER	OBJECTIF	FOCALE	DIAPHRAGME	SENSIBILITÉ	TEMPS DE POSE	DATE	LIEU	REMARQUE
LE CIEL EN MOUVEMENT									
7	350D	Peleng 8 mm		8	200	1/2 s	29/03/06	Side (Turquie)	
9	OM4 Ti	Zuiko 16 mm		3,5	800	1 h	avr. 95	Gréolière les Neiges	
10-11	OM4 Ti	Zuiko 16 mm		3,5	800	1 h	sept. 95	Pic du Midi	
11 bas	OM4 Ti	Zuiko 16 mm		3,5	800	1 h	avr. 95	Gréolière les Neiges	
12	350D	Sigma 10-20 EX	10	4	1600	60 s	12/09/07	Saint-Michel de Braspart	stacking de 50 photos
13	OM4 Ti	Zuiko 16 mm		3,5	200	30 s	19/11/02	Observatoire des Pises	
15	Camedia 5060	Megrez 80/480	1000	8	100	1/250 s	18/03/05	Le Guilvinec	montage de 8 photos
17	350D	Sigma 18-50 EX	50	8	400	1/400 s	mars/mai 2005	Pont-de-Buis	montage de 2 photos
18	Camedia 5060	Megrez 80/480	1000	8	100	1/250 s	18/03/05	Le Guilvinec	montage de 2 photos
19	350D	Megrez 80/480	480	6	100	1/1000 s	22/12/06	Pointe de Trévignon	
20	350D	Sigma 10-20 EX	10	4	800	30 s	19/11/06	Quimper	
21	350D	Sigma 10-20 EX	10	4	800	15 s	13/08/06	Tréguennec	
23	Camedia 5060	Megrez 80/480	1800	8	100	1/180 s	2005	Quimper	montage de 2 photos
25	OM1		22	8	200	1/500 s	2006	Téhéran (Iran)	assemblage de 46 photos
27	Camedia 5060	Megrez 80/480	1800	8	100	1/60 s	22/05/05	Quimper	
28-29	350D	Zuiko 200 mm	200	4	400	1/3 s	30/01/06	Rostronën	panorama de 5 photos
29 haut	350D	Megrez 80/480	480	6	800	1/4 s	26/06/06	Plomelin	
30 haut	350D	Sigma 18-50 EX	33	8	200	1/250 s	04/08/06	Cap Coz	
30 bas	350D	Megrez 80/480 + Barlow x2	1100	12	400	1/250 s	07/10/06	Quimper	stacking de 50 photos
31	350D	Sigma 18-50 EX	31	5,6	200	2,5 s	23/06/06	Sainte-Marine	
33	350D	Megrez 80/480 + Barlow x2	1100	12	400	1/250 s	2006	Quimper	montage de 12 photos
34	350D	Megrez 80/480 + Barlow x2	1100	12	400	1/250 s	août/nov. 2006	Quimper	montage de 2 photos
35 haut	350D	Megrez 80/480 + Barlow x2	1100	12	400	1/250 s	janv./oct. 2006	Quimper	montage de 2 photos
35 bas	A80 et 350D	PST 40/400 Coronado et Megrez 80/480			200	1/500 s et 1/10 à 1/320 s	03/10/05 et 29/03/06	Denia (Espagne) et Side (Turquie)	montage de 2 photos
37	350D	Sigma 70-300 APO Macro	100	4	800	5 s	23/06/06	Sainte-Marine	
38	350D	Sigma 18-125	30	5,6	800	5 s	30/08/05	Île-Tudy	
39	OM4 Ti	Zuiko 55 mm f/1,4		4	800	20 s	29/04/02	Port de Cheviré	
40-41	350D	Sigma 18-50 EX	29	4	800	15 s	19/04/07	Le Guilvinec	panorama de 8 photos
42	Camedia 5060		110	5,6	100	1 s	08/06/05	Tronoën	
43	350D	Sigma 70-300 APO Macro	70	5,6	800	10 s	16/06/06	Tronoën	
44 haut	350D	Sigma 70-300 APO Macro	300	8	800	2 s	23/06/06	Sainte-Marine	stacking de 5 photos
44-45	350D	Megrez 80/480	480	6	200	1/4000 s	29/03/06	Side (Turquie)	montage de 12 photos
45 haut	Camedia 5060		70	4	100	10 s	18 et 19/10/05	Quimper	montage de 2 photos
47	350D	Megrez 80/480	480	6	200	1/10 à 1/320 s	29/03/06	Side (Turquie)	montage de 9 photos
48 haut	350D	Sigma 70-300 APO Macro	210	11	800	1/4 s	29/03/06	Tréguennec	-2 IL
48 bas	350D	Sigma 70-300 APO Macro	300	11	800	1/3 s	06/09/07	Tréguennec	
49 haut	350D	Megrez 80/480 + Barlow x2	1100	12	200	1/400 s	29/03/06	Side (Turquie)	montage de 5 photos
49 bas	350D	Peleng 8 mm		11	200	1/800 s	29/03/06	Side (Turquie)	
50	350D	Megrez 80/480	480	6	200	1/10 à 1/320 s	29/03/06	Side (Turquie)	assemblage de 7 photos
51	350D	Peleng 8 mm		5,6	200	1/3 s	29/03/06	Side (Turquie)	
52	OM4 Ti	Cassegrain 180/1800	1800	10	HG400	1/125 s et 20 s	27/09/96	Antibes	montage de 4 photos
53	350D	Megrez 80/480	480	6	200	1/500 s	29/03/06	Side (Turquie)	
54	350D	Megrez 80/480	480	6	200	1/4000 s	29/03/06	Side (Turquie)	

PAGE	BOÎTIER	OBJECTIF	FOCALE	DIAPHRAGME	SENSIBILITÉ	TEMPS DE POSE	DATE	LIEU	REMARQUE
55	Canon A95	PST 40/400 Coronado	400	10	100	1/250 s	03/10/05	Denia (Espagne)	montage de 9 photos
56	Camedia 5060		110	4,8	100	1/1000 s	03/10/05	Denia (Espagne)	
57	Toucam pro	Newton 200/1000 + Barlow x6	6000	30		1/25 s	01/03/04	Mittelschaeffolsheim (Alsace)	montage de 12 photos
58	Camedia 5060		28	2,8	100	1 min	28/10/04	Sainte-Marine	
59	OM4 Ti	Cassegrain 180/1800	1800	10	HG400	20 s	27/09/96	Antibes	
60 haut	Camedia 5060		110	4,8	100	1/180 s	03/10/05	Denia (Espagne)	
60 bas	350D	Sigma 18-50 EX	50	8		1/1600 s	29/03/06	Side (Turquie)	
61 haut	350D	Peleng 8 mm		11	200	1/20 s	29/03/06	Side (Turquie)	
61 bas	10D	Skywatcher 80ED Pro	380	4,7	800	1/180 et 1/3 s	29/03/06	Side (Turquie)	
ATMOSPHÈRE : LA GRANDE ILLUSION									
63	350D	Megrez 80/480	480	6	100	1/4000 s	07/04/06	La Torche	
64	350D	Sigma 18-50 EX + polarisant	18	8	200	1/125 s	02/06/06	Quimper	
65	350D	Sigma 18-50 EX	28	6,3	200	1/250 s	02/06/06	Quimper	
66	350D	Sigma 18-50 EX	50	8	200	1/2000 s	11/12/05	Audierne	
67 haut	Camedia 5060	Megrez 80/480	1800	8	80	1/60 s	08/06/05	Tronoën	
67 bas	Camedia 5060		200	8	80	1/250 s	13/01/05	Quimper	
69	Camedia 5060	Megrez 80/480	1800	8	100	1/500 s	28/02/05	Beg-Meil	montage de 6 photos
70	350D	Sigma 70-300 APO Macro	300	16	400	1/800 s	01/11/06	Beg-Meil	
72 haut	350D	Megrez 80/480 + Barlow x2	1100	12	100	1/4000 s	07/04/06	La Torche	montage de 12 photos
72-73	350D	Sigma 70-300 APO Macro	300	16	400	1/400 s	01/11/06	Beg-Meil	montage de 2 photos
73 haut	Camedia 3040Z		150	2,6	100	1/400	22/05/02	mer du Vestfjorden	
74 haut	Camedia 5060	Megrez 80/480	1800	8	80	1/125 s	04/09/04	La Torche	
74 bas	Camedia 5060	Megrez 80/480	1800	8	80	1/8 s	20/07/05	Quimper	
75	350D	Sigma 70-300 APO Macro	300	11	200	1/500 s	08/10/06	Cime du Sabion	
76	Camedia 5060	Megrez 80/480	1800	8	80	1/1500 s	19/11/05	Le Guilvinec	
77	Camedia 760UZ		200	5	100	1/640 s	18/12/05	Breil-sur-Roya	
79	350D	Megrez 80/480	480	6	100	1/1000 s	06/11/06	La Torche	montage de 10 photos
80	350D	Megrez 80/480	480	6	100	1/4000 s	06/11/06	La Torche	montage de 12 photos
81	350D	Megrez 80/480	480	6	100	1/4000 s	06/04/07	Tronoën	montage de 8 photos
82-83	350D	Megrez 80/480	480	6	100	1/4000 s	06/04/07	Tronoën	montage de 7 photos
84	350D	Megrez 80/480	480	6	100	1/4000 s	06/04/07	Tronoën	
85 haut	Camedia 5060	Megrez 80/480	1800	8	100	1/10 s	20/07/05	Quimper	
85 bas	Vesta Pro	Takahashi FS102	2000	20		1/25 s	17/10/02	La Silla (Chili)	
LE CIEL DANS UNE GOUTTE D'EAU									
87	350D	Peleng 8 mm		11	100	1/2000 s	14/05/06	Quimper	
89	Camedia 5060		35	8	80	1/60 s	20/04/05	Le Guilvinec	
90	OM4 Ti	Tamron 28 mm		8	Velvia 50	1/500 s	01/05/97	Omaha Beach	
91	Camedia 5060		28	8	80	1/45 s	20/04/05	Le Guilvinec	
92 haut	30D	Sigma 18-50 EX	18	7,1	200	1/500 s	10/12/07	Quimper	panorama de 7 photos
92 bas	Camedia 5060		50	3,5	80	1/30 s	02/05/05	Quimper	
93 haut	30D	Sigma 18-50 EX	18	8	200	1/800 s	10/12/07	Quimper	stacking de 5 photos
93 bas	Camedia 5060		28	4,8	80	1/8 et 1/3 s	02/05/05	Quimper	montage de 2 photos
94	350D	Peleng 8 mm		11	200	1/800 s	05/05/06	Chateaulin	
95 haut	Pentax ME super	Sigma 28 mm		2,8	Kodak 100EC	1 min	20/09/02	Brugnens	
95 bas	350D	Peleng 8 mm		8	100	1/1000 s	09/05/06	Chateaulin	
96	350D	Sigma 70-300 APO Macro	190	5	400	1/3200 s	05/09/06	Quimper	montage de 7 photos
97 haut	D70	Nikon 35-70	35	8	200	1/125 s	29/06/04	Sandnessjøen (Norvège)	
97 bas	PowerShot G6		28	4	50	1/500 s	17/09/05	Trèves (Allemagne)	
99	350D	Peleng 8 mm		11	100	1/2000 s	14/05/06	Cap Coz	
100	Camedia 5060		35	8	80	1/1000 s	30/05/04	Lesconil	
101	350D	Sigma 18-50 EX	18	4	800	15 s	29/11/07	Quimper	
102	350D	Sigma 18-50 EX	21	9	400	1/4000 s	01/03/06	Pont-de-Buis	

PARAMÈTRES DE PRISE DE VUE

PAGE	BOÎTIER	OBJECTIF	FOCALE	DIAPHRAGME	SENSIBILITÉ	TEMPS DE POSE	DATE	LIEU	REMARQUE
103 haut	DC3400		35	9,5	100	1/700 s	29/10/03	Quimper	
103 bas	350D	Sigma 18-50 EX	50	9	400	1/4000 s	01/03/06	Pont-de-Buis	
104 haut	Camedia 5060		110	5,6	80	1/750 s	10/08/04	Quimper	
104 bas	350D	Sigma 70-300 APO Macro	300	16	800	1/1250 s	07/09/06	Tréguennec	
105 haut	350D	Sigma 18-50 EX	28	11	200	1/200 à 1/800 s	11/02/06	Quimper	HDR de 3 photos
105 bas	350D	Sigma 70-300 APO Macro	70	16	800	1/1250 s	07/09/06	Tréguennec	-1 IL
106	30D	Sigma 30 EX		2,8	640	3,2 s	19/11/07	Quimper	
107 haut	350D	Sigma 18-50 EX	50	18	200	1/640 s	28/10/06	Quimper	-1 IL
107 bas	350D	Sigma 10-20 EX	16	18	200	1/250 s	28/10/06	Quimper	
108 haut	DC3400		35	8	100	1/500 s	06/12/03	Quimper	
108 bas	DC3400		35	3,7	100	1/90 s	06/12/03	Quimper	
109 haut	DC3400		35	8	100	1/500 s	03/12/03	Quimper	
109 bas	PowerShot A70		28	6,3	100	1/1000 s	09/07/04	Cogne (Italie)	
110	DC3400		35	8	100	1/700 s	19/10/02	Quimper	panorama de 7 photos
111 haut	30D	Sigma 10-20 EX	11	8	200	1/4000 s	17/08/07	Port- Navalo	-2 IL
111 bas	Camedia 5060		50	8	80	1/1000 s	30/05/04	Lesconil	
112 haut	OM4 Ti	Zuiko 16 mm		8	Kodachrome 64	1/500 s	sept. 90	Antibes	
112 bas	350D	Canon 18-55	18	14	400	1/500 s	10/10/06	Breil-sur-Roya	
113 haut	DC3400		35	8	100	1/700 s	03/12/03	Quimper	
113 bas	DC3400		35	8	100	1/700 s	03/12/03	Quimper	panorama de 11 photos
114	350D	Sigma 10-20 EX	10	18	200	1/400 s	28/10/06	Quimper	
115	350D	Sigma 18-50 EX	18	18	200	1/400 s	28/10/06	Quimper	-1 IL
116 haut	Camedia 5060		110	8	80	1/1500 s	21/08/04	Île de Noirmoutier	
116 bas	350D	Sigma 70-300 APO Macro	90	6,3	400	4	28/10/07	Quimper	
117 haut	Camedia 5060		110	5,6	80	1/1000 s	21/08/04	Île de Noirmoutier	
117 bas	350D	Sigma 18-50 EX	50	5	400	15 s	10/10/06	Saint-Michel de Brasparts	
119	350D	Sigma 18-50 EX	50	8	200	1/60 s	16/06/06	Tréguennec	
120 haut	Camedia 5060		110	5,6	200	1/750 s	24/02/05	Quimper	
120 bas	DC3400		55	3,8	100	1/30 s	10/07/03	Châtelaillon-Plage	-1 IL
121 h. g.	350D	Sigma 18-50 EX	28	13	400	1/15 s	06/02/06	Quimper	
121 h. d.	30D	Sigma 70-300 APO Macro	260	8	400	2,5 s	02/04/07	Quimper	
121 bas	350D	Sigma 18-50 EX	50	10	400	1/300 s	06/02/06	Quimper	
123	Camedia 5060		35	4,8	80	1/750 s	05/09/04	Pont-l'Abbé	
124 haut	DC3400		35	9,5	100	1/700 s	10/05/02	Pointe de Dinan	-1 IL
124 bas	30D	Sigma 18-50 EX	30	8	400	1/50 s	11/10/07	Quimper	
125 haut	OM4 Ti	Tamron 28 mm		4	Sensia 200	1/30 s	04/05/04	Île-Tudy	
125 bas	350D	Sigma 18-50 EX	50	8	400	1/1600 s	12/09/07	Quimper	
126 haut	350D	Sigma 18-50 EX	23	8	400	1/20 s	06/11/06	La Torche	-1 IL
126-127	350D	Sigma 10-20 EX	10	8	400	1/4 s	06/11/06	La Torche	-2 IL
127 haut	350D	Sigma 18-50 EX	18	8	800	1/125 s	22/01/07	Quimper	panorama de 6 photos
LE CIEL EST LEUR REPAIRE									
129	30D	Sigma 30 EX		1,4	1600	10 s	12/09/07	Saint-Michel de Brasparts	panorama de 9 photos
131	350D	Peleng 8 mm		11	100	1/2000 s	14/05/06	Quimper	
132	350D	Sigma 70-300 APO Macro	210	8	200	1/80 s	26/09/06	Saint-Michel de Brasparts	
133 haut	DC3400		78	4,8	100	1/125 s	18/01/04	Plomelin	
133 bas	DC3400		78	6,7	100	1/250 s	18/01/04	Plomelin	
134 haut	350D	Peleng 8 mm		11	100	1/3200 s	14/05/06	Quimper	-2,3 IL
134 bas	Camedia 5060		110	8	80	1/350 s	05/04/05	Le Guilvinec	panorama de 2 photos
135 haut	Camedia 5060		100	5,6	80	1/1500 s	25/06/04	Quimper	
135 bas	30D	Sigma 70-300 APO Macro	300	8	200	1/6400 s	26/09/07	Quimper	
136-137	350D	Sigma 18-50 EX	18	4	800	15 s	22/01/07	Quimper	assemblage de 2 photos
138	350D	Sigma 18-50 EX	18	4	800	15 s	11/12/05	Quimper	
139 haut	350D	Sigma 70-300 APO Macro	300	8	200	1 s	23/06/06	Sainte-Marine	

PAGE	BOÎTIER	OBJECTIF	FOCALE	DIAPHRAGME	SENSIBILITÉ	TEMPS DE POSE	DATE	LIEU	REMARQUE
139 bas	30D	Sigma 10-20 EX	10	8	100	1/1250 s	04/09/07	Quimper	
141	Camedia 5060		27	2,8	100	90 s	15/05/05	Quimper	
142	OM4 Ti	Zuiko 16 mm		3,5	Sensia 200	90 s	05/04/03	Quimper	
143	30D	Sigma 10-20 EX	10	5,6	400	92 s	19/12/06	Quimper	
144 haut	OM4 Ti	Tamron 28 mm		4	Sensia 200	60 s	16/11/03	Quimper	
144 bas	350D	Sigma 10-20 EX	10	4	800	60 s	21/10/07	Chapelle de Languidou	
145 haut	350D	Sigma 18-50 EX	18	5,6	800	30 s	13/08/06	Tréguennec	
145 bas	350D	Sigma 18-50 EX	50	5,6	200	47 s	29/08/06	Quimper	
146-147	350D	Sigma 10-20 EX	10	5,6	400	30 s	05/06/06	Quimper	assemblage de 2 photos
148-149	30D	Sigma 70-300 APO Macro	70	4	1600	30 s	16/11/07	Sainte-Marine	stacking de 19 photos
149 bas	350D	Megrez 80/480 + Barlow x2	1100	12	400	1/640 s	09/07/06	Eliant	assemblage de 7 photos
151	Camedia 5060		27	4,8	100	1/10 s	20/07/05	Quimper	
152-153	Camedia 5060		27	2,8	80	1/20 s	15/06/04	Bénodet	panorama de 7 photos
153 bas	30D	Sigma 18-50 EX	18	5,6	400 à 800	1/1000 à 0,8 s	04/08/07	Cap Coz	montage de 15 photos
154-155	350D	Sigma 18-50 EX	28	8	200	1/20 s	26/09/06	Saint-Michel de Brasparts	panorama de 10 photos
155 b. g.	350D	Sigma 70-300 APO Macro	70	5,6	400	1/80 s	31/10/06	Mont Bégo	
155 b. d.	OM4 Ti	Zuiko 400 mm		8	Kodachrome 64	1/30 s	sept. 95	Pic du Midi	
156	350D	Sigma 18-50 EX	28	5,6	400	34 s	25/02/07	Quimper	
157	350D	Sigma 18-125	18	3,5	800	61 s	02/09/05	Quimper	
158 haut	OM4 Ti	Cassegrain 180/1800	1800	10	HG 400	1/60 s	27/07/96	Cap d'Antibes	
158 bas	OM4 Ti	Celestron C8	2000	10	Ektachrome 200	20 s	09/02/90	Cap d'Antibes	
159	30D	Megrez 80/480 + Barlow x2	1100	12	400 à 1600	1/30 à 8 s	03/03/07	Quimper	assemblage de 7 photos
160-161	350D	Sigma 70-300 APO Macro	210	11	800	1/4 s	07/09/06	Tréguennec	-2 IL
163	Finepix S2 pro	Sigma 28-70	28	3,5	400	30 s	02/11/02	Levitunturi (Finlande)	
164	OM4 Ti	Zuiko 55 mm f/1,4		4	Ektachrome 200	2 min	nov. 91	Plateau de Caussols	
165	OM4 Ti	Zuiko 16 mm		3,5	Sensia 200	5 min	31/11/03	Pluguffan	
167	30D	Sigma 70-300 APO Macro	210	11	800	3,2 s	20/03/07	La Torche	-1,3 IL
168 haut	350D	Zuiko 200 mm		4	400	1,3 s	02/01/06	Châteaulin	
168 bas	30D	Megrez 80/480 + Barlow x2	1100	12	800	8 s	21/03/07	Quimper	
169 haut	350D	Sigma 70-300 APO Macro	70	5,6	800	2 s	23/06/06	Sainte-Marine	
169 bas	OM4 Ti	Astrophysics 105/630	630	5	Super HG800	5 s	sept. 95	Pic du Midi	
171	Camedia 5060	Megrez 80/480 + DCL-4337	600	8	80	1/125 s	04/09/04	La Torche	
172	OM4 Ti	Newton 150/1200	1200	8	Kodachrome 64	1/125 s	mar. 91	Cap d'Antibes	
173 haut	Camedia 5060	Megrez 80/480 + DCL-4337	600	8	100	1/500 s	15/02/05	Quimper	stacking de 10 photos
173 bas	Camedia 5060	Megrez 80/480 + DCL-4337	600	8	80	1/2000 s	19/11/05	Le Guilvinec	
175	30D	Sigma 10-20 EX	10	4	1000	6 min	09/03/07	Tréguennec	
176 haut	350D	Sigma 10-20 EX	10	4	800	111 s	26/09/06	Saint-Michel de Brasparts	
176 bas	350D	Sigma 10-20 EX	10	4	800	60 s	19/11/06	Quimper	panorama de 10 photos
177 haut	350D	Sigma 10-20 EX	10	4	800	60 s	01/11/06	Saint-Michel de Brasparts	montage de 4 photos
177 bas	350D	Sigma 18-50 EX	18	4	800	30 s	19/11/06	Quimper	panorama de 4 photos
178	350D et 30D	Sigma 10-20 EX	10	4	1600	30 s	01/11/06 et 09/03/07	Saint-Michel de Brasparts et Tréguennec	montage de 2 photos
179	30D	Sigma 30 EX	30	1,4	1600	30 s	16/10/07	Pleyben	panorama de 9 photos
181 gauche	30D	Sigma 30 EX	30	1,4	1600	10 s	31/10/07	Chapelle de Languidou	panorama de 11 photos
181 droite	30D	Sigma 30 EX	30	1,4	1600	10 s	13/08/07	Pointe de Trévignon	panorama de 13 photos
182-183	30D	Sigma 30 EX	30	1,4	1600	10 s	05/09/07	Lesconil	panorama de 14 photos
184	30D	Sigma 30 EX	30	1,4	1600	10 s	05/07/07	Beg-Meil	panorama de 5 photos
184-185	30D	Sigma 30 EX	30	1,4	1600	10 s	13/08/07	Pointe de Trévignon	panorama de 11 photos

PARAMÈTRES DE PRISE DE VUE

PAGE	BOÎTIER	OBJECTIF	FOCALE	DIAPHRAGME	SENSIBILITÉ	TEMPS DE POSE	DATE	LIEU	REMARQUE
RÉPONSES EN IMAGES									
187	Camedia 5060	Megrez 80/480 + DCL-4337	600	8	100	1/8 s	20/07/05	Quimper	
188	350D	Megrez 80/480	480	6	400	1/20 s	08/08/06	Tréguennec	-1 IL
189	350D	Megrez 80/480	480	6	400	1/40 s	06/11/06	La Torche	assemblage de 5 photos
190	350D	Sigma 18-50 EX	18	2,8	800	30 s	19/11/06	Quimper	
191	Camedia 5060	Megrez 80/480 + DCL-4337	600	8	80	1/250 s	18/03/05	Le Guilvinec	
192	30D	Sigma 70-300 APO Macro	240	11	800	1 s	28/08/07	Tréguennec	
193 haut	350D	Sigma 10-20 EX	10	4	800	20 s	13/08/06	Tréguennec	
193 b. g.	350D	Sigma 18-50 EX	18	2,8	800	3 s	11/01/06	Plomelin	panorama de 3 photos
193 b. d.	30D	Sigma 30 EX	30	1,4	1600	30 s	21/10/07	Chapelle de Languidou	
194	Camedia 5060	Megrez 80/480 + DCL-4337	600	8	100	1/10 s	28/09/04	Quimper	
195 g.	Camedia 5060	Megrez 80/480 + DCL-4337	600	8	200	3 s à 1/30 s	22/06/05	Beg-Meil	montage de 9 photos
195 d.	Camedia 5060	Megrez 80/480 + DCL-4337	600	8	100	4 s	23/05/05	Quimper	
196	350D	Sigma 70-300 APO Macro	190	11	200	1/1250 s	18/06/07	Quimper	
197	OM4 Ti	Zuiko 200 mm		8	Sensia 200	1/250 s	04/02/04	Quimper	
198	Camedia 5060	TCON-17c	180	4,8	100	1 s	06/09/05	Île-Tudy	
199	350D	Sigma 70-300 APO Macro	70	8	400	2,5 s	23/06/06	Sainte-Marine	panorama de 6 photos
200	30D	Sigma 30 EX	30	1,4	1600	10 s	13/08/07	Pointe de Trévignon	panorama de 10 photos
201 haut	OM4 Ti	Zuiko 16 mm		3,5	Sensia 200	20 s	19/11/02	Observatoire des Pises	assemblage de 2 photos
201 bas	30D	Sigma 30 EX	30	1,4	1600	10 s	13/12/07	Beg-Meil	panorama de 26 photos
202	350D	Sigma 18-50 EX	18	4	400	30 s	04/06/06	Quimper	
203 g.	30D	Sigma 30 EX	30	1,4	1600	10 s	12/09/07	Saint-Michel de Brasparts	panorama de 8 photos
203 d.	OM4 Ti	Tamron 28 mm		4	Sensia 200	30 s	03/01/03	Quimper	
204	350D	Sigma 10-20 EX	10	4	800	20 s	13/08/06	Tréguennec	
205	30D	Sigma 30 EX	30	1,4	1600	10 s	16/10/07	Pleyben	panorama de 8 photos
206	350D	Megrez 80/480 + Barlow x2	1100	12	400	1/250 s	07/10/06	Quimper	montage de 2 photos (stacking de 51 photos)
207	OM4 Ti	Zuiko 55 mm f/1,4		2,8	Super HG800	20 min	avr. 97	Plateau de Caussols	
208	OM4 Ti	Zuiko 55 mm f/1,4		2,8	Super HG800	30 min	sept. 95	Pic du Midi	
209	30D	Sigma 30 EX	30	1,4	1600	10 s	05/09/07	Lesconil	panorama de 7 photos
210	5D	Canon EF 16-35	20	3,5	800	10 s	15/02/07	Stuttgart (Allemagne)	
211 g.	30D	Sigma 30 EX	30	2,8	1600	2,5 s	29/10/07	Quimper	panorama de 11 photos
211 d.	350D	Sigma 70-300 APO Macro	210	11	400	1/8 s	10/01/07	Le Guilvinec	panorama de 3 photos
ANNEXES									
216	30D	Sigma 70-300 APO Macro	150	6,3	800	1/3 s	28/08/07	Tréguennec	
217	30D	Sigma 70-300 APO Macro	170	9	800	1/6 s	20/03/07	La Torche	

Le ciel, avant même son intérêt scientifique et technique, est une puissante source d'imagination. Mon amie (graphiste) et moi (astronome amateur) avons mis en commun notre passion de la photo pour concevoir une série d'images (comme celles présentées sur cette double page) mêlant esthétique et imaginaire.

GLOSSAIRE PHOTOGRAPHIQUE

APN (Appareil photo numérique) : tout appareil photo pourvu d'un capteur numérique et non d'un support argentique (pellicule ou diapositive à base de sels d'argent réagissant à la lumière).

APS-C (Advanced Photo System type-C) : abréviation désignant les capteurs de la plupart des reflex numériques grand public ou expert (Canon 400D, Nikon 80D, Pentax K10D, etc.) mesurant environ 15 x 23 mm. Ces capteurs n'ont pas tout à fait la même taille : elle s'obtient en corrigeant les dimensions précédentes d'un coefficient multiplicateur de 1,5 pour Nikon, 1,53 pour Pentax et 1,6 pour Canon. Les capteurs mesurant 24 x 36 mm (soit les mêmes dimensions qu'un négatif argentique) sont dits « full frame » (plein cadre).

Bougé : une photo bougée est une image dans laquelle l'appareil photo ou le sujet photographié s'est déplacé durant la prise de vue. Dans le premier cas, toute la photo présente un flou de bougé tandis que dans le second, seul le sujet en mouvement est entaché de flou. Pour éviter ce défaut, il faut choisir un temps de pose suffisamment court pour figer le mouvement. Il reste qu'en photo de nuit, ce n'est pas toujours possible car la faible quantité de lumière disponible interdit les temps de pose courts.

Bracketing : technique consistant à prendre plusieurs (généralement trois) photos consécutives ayant le même cadrage mais avec différentes expositions. Cette astuce est très utile pour être sûr d'exposer correctement sa photo alors que les conditions de mesure de lumière sont délicates pour la cellule. Habituellement, une séquence de bracketing se déroule en mode rafale (pour limiter tout changement dans le champ de la photo) en faisant trois photos, une sous-exposée d'un IL, la suivante bien exposée (conformément à la préconisation de l'appareil fondée sur la mesure de la cellule) et la dernière sur-exposée d'un IL. On peut aussi faire varier l'exposition par palier de 2 IL, 1/2 IL ou 1/3 IL. Après avoir bracketé, on choisit la meilleure photo du lot, ou on réalise une photo en mode HDR.

Bridge : type d'appareil photo numérique à zoom non interchangeable, plus gros qu'un compact et pourvu de réglages avancés.

Bruit : granulosité de l'image due à la sensibilité. Un capteur (ou une pellicule) peu sensible (50 à 200 ISO) fournit des images quasi dénuées de bruit, tandis qu'une sensibilité élevée (800 à 1 600 ISO) s'accompagne généralement d'un bruit élevé. Le bruit dégrade la photo et se fait très gênant lorsque l'on augmente le contraste. Il peut être atténué assez efficacement par voie logicielle. Plus le capteur est grand, plus le bruit est faible : c'est pourquoi un reflex numérique délivre des images généralement moins bruitées qu'un compact numérique.

Capteur numérique : dispositif électronique photosensible transformant la lumière reçue (des photons) en un courant électrique (des électrons) d'intensité mesurable. Ils sont de deux types : les CMOS et les CCD. Le premier est plus rapide pour lire une image et moins onéreux à produire, mais le second est un peu plus sensible. Sur les DSLR, le CCD tend à disparaître au profit du CMOS.

Cellule : dispositif électronique permettant à l'appareil photo de mesurer la lumière reçue, afin de bien exposer la photo.

Circumpolaire : technique photographique rudimentaire consistant à diriger son appareil en direction de l'Étoile polaire, et à sélectionner un temps de pose assez long pour que les étoiles laissent chacune un arc de cercle centré sur l'Étoile polaire.

Coefficient multiplicateur : les capteurs d'appareils photos numériques sont généralement plus petits qu'un négatif de dimension 24 x 36 mm. La focale résultante mesurée sur la photo pour un tirage de dimensions données est ainsi plus longue sur un cliché numérique. Le coefficient multiplicateur correspond au coefficient à appliquer à la vraie focale (optique) d'un objectif pour obtenir sa focale résultante. Par exemple, sur les Canon 350D, 400D, 30D ou 40D (pourvus d'un capteur au format APS-C), ce coefficient vaut 1,6. Ainsi, un objectif de 18 mm de focale monté sur un de ces boîtiers correspond à une focale résultante de 18 x 1,6 = 28,8 mm.

Coma : défaut optique qui déforme les étoiles situées dans les coins de l'image. Les étoiles prennent généralement la forme de chevrons. Ce défaut s'atténue en fermant le diaphragme.

Compact numérique : type d'appareil photo numérique de petite taille à objectif non interchangeable. Il est destiné aux débutants ou aux photographes occasionnels. L'amateur chevronné appréciera toutefois son format réduit permettant de l'avoir toujours sur soi. En revanche, un compact délivre généralement des images très bruitées dès les sensibilités moyennes (200 à 400 ISO), ce qui rend décevante son utilisation en astrophotographie.

Déclencheur souple : dispositif mécanique ou électrique permettant de déclencher une photo à distance, par le biais d'une télécommande filaire, sans avoir à appuyer directement sur le déclencheur. Un déclencheur souple prévient le risque de bougé induit par la pression du doigt sur le déclencheur.

Diaphragme : dispositif mécanique constitué de lamelles métalliques modulant la quantité de lumière parvenant au capteur.
« Diaphragmer » signifie fermer le diaphragme, avec pour conséquence une augmentation du temps de pose (pour compenser la réduction de la quantité de lumière), une amélioration de la qualité optique de l'objectif (jusqu'au moment où la diffraction l'emporte et dégrade l'image) et une augmentation de la profondeur de champ. Plus la valeur du diaphragme est petite, plus l'objectif est lumineux, c'est-à-dire qu'il laisse passer beaucoup de lumière. Les valeurs de diaphragme sont 1 - 1,4 - 2 - 2,8 - 4 - 5,6 - 8 - 11 - 16 - 22 - 32 : elles correspondent en fait au rayon de la surface par laquelle va passer la lumière. Ces rayons successifs sont séparés d'un facteur $\sqrt{2}$ (soit environ 1,4) : de cette façon, réduire (c'est-à-dire fermer) d'un diaphragme diminue la surface par laquelle va passer la lumière de $\sqrt{2}^2 = 2$: la quantité de lumière parvenant au capteur est divisée par deux. Ainsi, les valeurs de diaphragme sont séparées de 1 IL.

DSLR (Digital Single Lens Reflex, c'est-à-dire appareil photo numérique reflex mono-objectif) : abréviation désignant les appareils reflex numériques.

Dynamique : capacité du capteur numérique (ou de la pellicule) à enregistrer sur une même photo à la fois des sujets sombres et des sujets clairs, en restant à la limite de la sous-exposition et de la sur-exposition. Plus le capteur présente une dynamique étendue, plus il supportera des écarts importants de luminosité entre les sujets d'une même scène. La dynamique dépend de la surface des photosites : plus ils sont grands, et plus ils sont susceptibles de cumuler des électrons avant saturation (sur-exposition). Les APN compacts ont une faible dynamique et gèrent donc mal les scènes très contrastées. Les DSLR sont bien plus à l'aise, grâce à la taille de leurs photosites. Un reflex numérique supporte typiquement un écart de luminosité d'un peu plus de 8 IL.

Exposition : elle résulte d'un équilibre entre la sensibilité du capteur, la valeur du diaphragme et le temps de pose. Une bonne exposition est synonyme d'une image globalement ni trop lumineuse (sur-exposée), ni trop sombre (sous-exposée). Cependant, une partie de l'image peut être sous-exposée (par exemple une ombre très prononcée dans un paysage lumineux) et/ou sur-exposée (le reflet du Soleil sur une vitre).

Filé d'étoiles : photo sur laquelle les étoiles ont laissé des traînées, car durant le temps de pose, les étoiles se sont déplacées, laissant leur empreinte allongée sur le capteur.

Focale : longueur (exprimée en millimètres) correspondant à la distance qui sépare le centre optique de l'objectif du plan focal (où est situé le capteur). Une courte focale (inférieure à 30 mm en numérique avec un capteur APS-C, et à 50 mm avec un capteur au format 24 x 36) est synonyme d'objectif grand-angle. Au-delà de ces plages focales, à l'inverse, c'est un téléobjectif.

HDR (High Dynamic Range) : technique qui consiste à augmenter artificiellement la dynamique du capteur numérique en fusionnant plusieurs photos issues d'une séquence de bracketing. Le logiciel qui assure cette opération prend dans chaque partie de l'image ce qu'il considère comme le mieux exposé. Ainsi, il est possible d'exposer convenablement des scènes présentant de grands écarts de luminosité (par exemple une pièce sombre pourvue d'une fenêtre donnant sur un paysage ensoleillé). Cependant, le résultat présente souvent un aspect artificiel si les écarts sont extrêmes.

Histogramme : représentation graphique de la quantité de pixels ayant une luminosité donnée. Si la courbe obtenue s'inscrit entre le minimum (bord gauche) et le maximum (bord droit) d'intensité lumineuse, alors la photo est bien exposée. Si le pied gauche de la courbe est coupé par le bord gauche du graphique, la photo est sous-exposée : cela signifie que des pixels de la photo sont noirs et ne contiennent ainsi aucune information. Au contraire, si c'est le pied droit de la courbe qui est amputé, la photo est sur-exposée : des pixels ont atteint la valeur maximale et sont saturés. Il n'est pas toujours possible d'exposer parfaitement une photo quand les écarts de luminosité sont trop importants. Il faudra alors opter pour le HDR ou sélectionner ce que l'on veut privilégier : par exemple une Pleine Lune bien exposée ou le paysage faiblement éclairé par elle.

IL (Indice de Luminosité) : 1 IL équivaut à un facteur 2 pour la sensibilité et le temps de pose, et à un facteur $\sqrt{2}$ pour le diaphragme. Sous-exposer d'un IL revient à faire entrer deux fois moins de lumière dans l'appareil photo, soit en diminuant la sensibilité d'une valeur (par exemple de 800 à 400 ISO), soit en choisissant un temps de pose deux fois plus court (par exemple de 1/30 à 1/60 s), soit en diaphragmant d'un cran (par exemple de 4 à 5,6).

JPG (Joint Photographic Experts Group) : format de fichier d'image numérique compressé permettant d'alléger le poids du fichier au détriment de la qualité de la photo. Cependant, un taux de compression raisonnable divise facilement par 5 le poids du fichier sans altération visible de la photo. Sélectionner un format de fichiers JPG, du fait de leur poids moindre, permet de stocker de nombreuses photos sur une carte mémoire, plus qu'en choisissant un format « Raw ».

Mémoire interne (ou « buffer ») : c'est la mémoire interne dont est pourvu l'appareil photo. Il y stocke les fichiers numériques des photos, en attendant de pouvoir les transférer sur la carte mémoire. Tout comme la mémoire vive d'un ordinateur (les barrettes de RAM), la mémoire interne est vidée à chaque mise hors tension. Une mémoire interne de grande capacité permet d'enregistrer de longues rafales de photos (jusqu'à saturation du buffer). Au cours d'une rafale, la mémoire interne saturera plus vite avec des fichiers RAW qu'avec des fichiers JPG.

Ouverture : elle correspond à la plus faible valeur de diaphragme d'un objectif ou d'un télescope, c'est-à-dire à la quantité maximale de lumière pouvant atteindre le capteur. Plus la focale est grande, plus il est coûteux de construire un objectif de grande ouverture. Un objectif grand-angle ou standard (de focale inférieure à 50 mm) très ouvert correspond à des valeurs allant de 1 à 2,8. Pour un téléobjectif de plus de 300 mm, il est très rare que l'ouverture soit inférieure à 2,8. Elle se situe habituellement aux environs de 5,6 pour un objectif à vocation amateur. Généralement, un objectif utilisé à pleine ouverture (c'est-à-dire à sa plus faible valeur de diaphragme) n'est pas d'une qualité optique parfaite (il apparaît du vignetage, du piqué ou de la coma). Il est recommandé de fermer le diaphragme d'au moins un à deux crans par rapport à sa valeur maximale. En astrophotographie, l'utilisation d'un objectif ouvert permet en un temps relativement court d'enregistrer des objets peu lumineux. L'ouverture est indiquée sur le fût des objectifs à droite de la valeur de la focale : par exemple « 70-300 mm 1:4-5.6 » désigne un zoom dont la focale varie de 70 à 300 mm et dont l'ouverture glisse de 4 à 5,6 en passant de la focale minimale à la maximale.

Photosite : partie élémentaire d'un capteur numérique sensible à la lumière. Le photosite est au capteur ce que le pixel est à l'image.

Profondeur de champ : plage de distance au long de laquelle les sujets photographiés sont nets. La profondeur de champ diminue quand on ouvre le diaphragme, quand on augmente la focale ou quand la taille des photosites augmente. Ainsi, un grand-angle a naturellement tendance à avoir plus de profondeur de champ qu'un téléobjectif. À focale et appareil photo donnés, la seule façon d'augmenter la profondeur de champ est de fermer le diaphragme. En astrophotographie, cela reste une contrainte forte, car si l'on veut voir net un objet proche (quelques mètres) et les étoiles, on doit diaphragmer avec pour conséquence une augmentation du temps de pose ! Le type de photo du ciel que je pratique est un compromis permanent entre profondeur de champ et netteté des avant-plans.

Rafale : c'est un mode de prise de vue permettant d'enchaîner les photos rapidement les unes à la suite des autres. Sur un appareil photo à pellicule, c'est le moteur entraînant le film qui assure le mode rafale. Pour les DSLR non professionnels, les cadences sont comprises généralement entre 3 et 5 photos par seconde, jusqu'à saturation de la mémoire interne.

Raw (« brut » en anglais) : format de fichier photo numérique brut n'ayant subi aucune modification de la part du processeur de l'appareil photo. C'est une image brute « directement » sortie du capteur. Avec un logiciel ad hoc, il est possible de lire ce fichier pour y appliquer une balance des blancs personnalisée, une saturation des couleurs, une réduction du bruit, etc. avec plus de souplesse et de finesse que l'appareil photo le ferait. Le format Raw est idéal du point de vue de la qualité, mais il génère des fichiers 2 à 3 fois plus lourds que le JPG. Une carte mémoire pourra ainsi contenir moins de fichiers Raw que de fichiers JPG.

Reflex numérique : appareil photo numérique qui autorise le changement d'objectif afin de l'adapter aux sujets photographiés. L'image observée à travers le viseur correspond exactement à celle qui se forme sur le capteur. Il délivre généralement des images d'excellente qualité, même à haute sensibilité. Il se destine aux amateurs de photos exigeants, aux experts et aux pros.

Sensibilité : faculté d'enregistrer des lumières plus ou moins fortes. Un capteur (ou une pellicule) sensible est capable d'enregistrer des images dans une obscurité relative, tandis qu'un capteur peu sensible a besoin de plus de lumière. Pour immortaliser un paysage de nuit, une sensibilité élevée est requise, par exemple supérieure à 800 ISO. Un paysage ensoleillé peut à l'inverse être photographié avec une faible sensibilité de 100 ISO. À luminosité égale, une sensibilité élevée autorise donc un temps de pose plus court, mais l'image est davantage bruitée.

Sous-exposition : fait d'obtenir une photo trop sombre. La photo est sous-exposée, elle manque de lumière.

Stacking (« empilement » en anglais) : technique dont le principe consiste à empiler un grand nombre de photos, afin d'obtenir une image pratiquement dépourvue de bruit. L'image finale pourra être traitée à l'aide de filtres puissants destinés à faire ressortir des détails fins. Le résultat est vraiment spectaculaire. Je confie le stacking de mes photos au logiciel Registax. En plus d'être gratuit, il a l'avantage de réaliser le travail étape par étape, ce qui permet de traiter des images même si l'on n'en appréhende pas tout à fait le fonctionnement, car les paramètres sont nombreux et obscurs pour le néophyte. Le paramétrage par défaut procure déjà de bons résultats.

Sur-exposition : fait d'obtenir une photo trop claire. La photo est sur-exposée, elle a reçu trop de lumière.

Temps de pose : C'est le temps durant lequel le capteur reçoit de la lumière. Plus le sujet est sombre, plus le temps de pose est long, et plus le risque de bougé (si l'on photographie sans trépied) ou de dérive des astres est important.

Vignetage : défaut optique rencontré principalement sur les objectifs grand-angle. Il se caractérise par un assombrissement progressif des coins de la photo. Ce défaut s'estompe ou disparaît en fermant le diaphragme.

GLOSSAIRE SCIENTIFIQUE

Aérosols : particules d'origine naturelle ou artificielle (pollution) en suspension dans l'air. Il peut s'agir de poussières, de suies de combustion, voire d'embruns maritimes.

Albédo : lorsque les planètes ou leurs lunes sont illuminées par le Soleil, elles réfléchissent une partie de cette lumière. Le pourcentage de lumière réfléchie donne l'albédo du corps considéré, exprimé sous la forme d'un nombre compris entre 0 et 1. Plus l'albédo est proche de 1, plus le corps céleste considéré est brillant.

Amas d'étoiles : regroupement dans un volume restreint d'un nombre plus ou moins grand d'étoiles liées les unes aux autres par la gravité.

Analemme : figure en forme de 8 que le Soleil semble dessiner dans le ciel en une année lorsqu'on photographie sa position tous les jours à la même heure.

Année-lumière : distance parcourue par la lumière en une année dans le vide. Cette distance représente 9 460,73 milliards de kilomètres.

Aphélie : pour un corps céleste en orbite autour du Soleil, point de son orbite le plus éloigné du Soleil.

Apogée : pour la Lune ou les satellites artificiels en orbite autour de la Terre, point de leur orbite le plus éloigné de la Terre.

Atome : constituant élémentaire de la matière formé d'un noyau de protons et de neutrons autour duquel tournent des électrons.

Chromosphère : une des couches externes de l'atmosphère solaire, d'une couleur rouge vif.

Conjonction : rapprochement apparent sur la voûte céleste d'astres qui sont en réalité séparés de plusieurs dizaines voire centaines de millions de kilomètres, la plupart du temps.

Couronne : haute atmosphère du Soleil, particulièrement bien visible lors des éclipses totales.

Décomposition : dans le cas de la lumière du Soleil, séparation de la lumière blanche en ses principales couleurs constituantes, celles de l'arc-en-ciel.

Diffusion : émission de la lumière dans toutes les directions.

Diffusion de Mie : mode de diffusion de la lumière, uniforme dans toutes les longueurs d'onde et propre aux grosses molécules. Les nuages, constitués de gouttes d'eau, sont blancs car ils diffusent la lumière blanche du Soleil sans privilégier de longueur d'onde particulière.

Diffusion de Rayleigh : mode de diffusion de la lumière propre aux très petites molécules (typiquement celles qui constituent l'atmosphère terrestre), diffusant de façon privilégiée les radiations de courtes longueurs d'onde, essentiellement le violet et le bleu.

Dispersion : dans le cas de la lumière solaire, étalement des différentes radiations formant la lumière blanche.

Écliptique : parcours apparent du Soleil à travers les constellations au cours d'une année. Le terme désigne également le plan de l'orbite terrestre autour du Soleil.

Électron : particule élémentaire de charge électrique négative. Les électrons sont des constituants des atomes, tournant autour du noyau selon des trajectoires imprévisibles. Ils peuvent cependant en être arrachés et devenir des électrons libres.

Ellipse : forme en ovale plus ou moins allongé. La trajectoire d'un corps céleste en orbite autour d'un autre est une ellipse.

Équateur : ligne imaginaire placée à égale distance des deux pôles d'un corps céleste sphérique et délimitant ses hémisphères nord et sud.

Équinoxe : jours de l'année où la durée de la journée est égale à celle de la nuit.

Galaxie : vaste ensemble d'étoiles, de gaz et de poussières en forme de disque. Une galaxie moyenne contient environ 100 milliards d'étoiles et mesure 100 000 années-lumière de diamètre.

Indice : nombre exprimant un rapport entre deux grandeurs.

Interférence : superposition d'ondes lumineuses provenant d'une même source. On parle d'interférences constructives ou destructives selon que les ondes se renforcent ou s'annulent.

Latitude : ligne imaginaire reliant tous les points situés à une même hauteur sur ou sous l'équateur.

Libration : légère oscillation de la Lune autour de son axe de rotation.

Longueur d'onde : dans le cas du photon, grandeur qui détermine son énergie. Plus la longueur d'onde est faible, plus le photon est énergétique. À chaque couleur de l'arc-en-ciel est associée une longueur d'onde donnée, le violet ayant la plus petite.

Lumière cendrée : à certaines périodes du cycle lunaire, réflexion sur la partie non éclairée de la Lune de la lumière solaire réfléchie par la Terre.

Magnétosphère : bulle entourant la Terre formée par les lignes de son champ magnétique.

Méridien : ligne imaginaire reliant les pôles de la voûte céleste et passant par le zénith d'un lieu donné.

Météore : tout phénomène, lumineux ou non, se produisant dans l'atmosphère. Cependant ce terme est le plus souvent utilisé pour désigner les traînées lumineuses formées par les poussières de comètes lorsqu'elles se consument dans l'atmosphère, encore appelées « étoiles filantes ».

Molécule : assemblage d'atomes plus ou moins complexe. La molécule d'eau est formée de deux atomes d'hydrogène et d'un atome d'oxygène.

Nébuleuse : objet céleste relativement étendu et peu lumineux qui apparaissait sous la forme d'un nuage diffus lors de sa découverte par les astronomes du XVIIIe siècle, les instruments de l'époque ne permettant pas de les résoudre plus finement.

Neutron : particule présente dans les noyaux des atomes en compagnie des protons, et dépourvue de charge électrique.

Occultation : passage d'un astre devant un autre ayant pour effet de masquer totalement ce dernier.

Ombre : zone privée de lumière située derrière un corps opaque aux ondes lumineuses. L'ombre est toujours à l'opposé de la source lumineuse.

Orbite : courbe, généralement une ellipse, décrite par un corps céleste tournant autour d'un autre.

Pénombre : zone partiellement privée de lumière située à la frange de l'ombre proprement dite.

Périgée : pour la Lune ou les satellites artificiels en orbite autour de la Terre, point de leur orbite le plus proche de la Terre.

Périhélie : pour un corps céleste en orbite autour du Soleil, point de son orbite le plus proche du Soleil.

Photon : particule vectrice du rayonnement électromagnétique, dont la lumière visible est une partie. On peut ainsi parler de « grain de lumière », toujours associé à une longueur d'onde.

Photosphère : région de l'atmosphère du Soleil depuis laquelle rayonne sa lumière.

Point antisolaire : point situé à l'opposé du Soleil.

Proton : particule chargée positivement et formant le noyau des atomes, en compagnie des neutrons.

Protubérance : excroissance à la surface du Soleil formée par une boucle de champ magnétique.

Radiation : rayonnement dans une longueur d'onde donnée.

Réflexion : au contact d'une surface réfléchissante, renvoi des ondes lumineuses dans une autre direction que celle qu'elles avaient à l'origine.

Réfraction : déviation d'une onde lumineuse, liée à son changement de vitesse lorsqu'elle passe d'un milieu à un autre, par exemple de l'air à l'eau.

Résonance : lorsqu'un corps peu massif est proche d'un corps bien plus massif, le mouvement du plus petit tend à se synchroniser sur celui du plus gros. C'est une résonance dans le système Terre-Lune qui explique pourquoi cette dernière présente toujours la même face tournée vers la Terre.

Révolution : tour complet qu'effectue un corps céleste autour d'un autre.

Rotation : tour complet qu'effectue un corps céleste sur lui-même.

Transit : passage d'un corps céleste devant un autre, généralement beaucoup plus grand. Depuis la Terre, il est possible d'assister aux transits de Mercure et Vénus devant le Soleil.

Voie lactée : nom poétique donné au plan de la galaxie dont le Soleil fait partie, visible par la tranche depuis la Terre, et inspiré par son aspect laiteux.

Zénith : point le plus haut du ciel, à la verticale de la tête de l'observateur. La direction du zénith forme un angle droit avec l'horizontale.

INDEX

Conception et réalisation : Sabine Sannier
Imprimé en France par Chirat – 42540 Saint-Just-la-Pendue
N° d'édition : 004733-01 - N° d'imprimeur : 8886
Dépôt légal : mars 2008